網路行銷36計

葉松宏、林嘉文

著

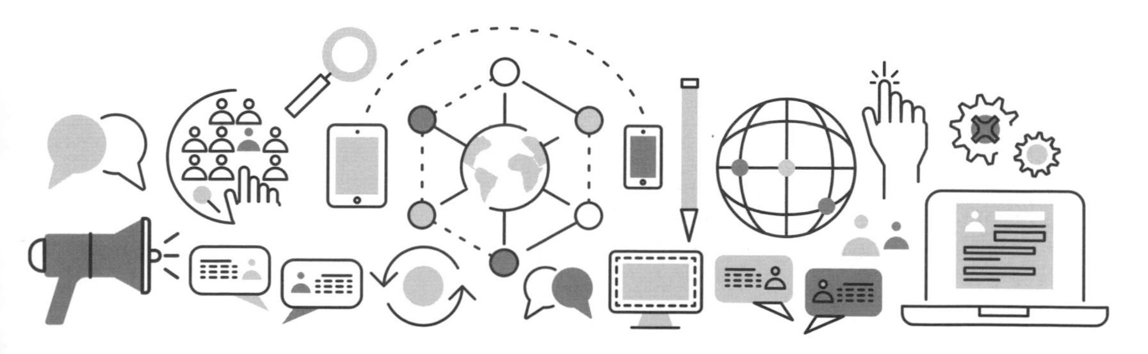

因地制宜的行銷心法，幫你奠定行銷基礎！

大管仲策略顧問有限公司執行長／數位轉型專家　李建勳

因應市場的轉變，其實從古至今，行銷講的都是同一件事——人性。無論時代怎麼進步、工具如何日新月異，行銷針對的始終是「人」的需求，而不只是平台的應用與操作技巧。

葉松宏老師與林嘉文老師的這本新書《網路行銷 36 計》，從心法著手，採用兵法的方式，讓行銷人能有步驟可以依循，以淺顯易懂的方式，讓讀者對行銷有整體概念跟方向，針對策略架構就能更加得心應手。

行銷人需要打造自己的舞台。以往懂得行銷的有兩種人：一種是可以快速因應市場，善用行銷爲業主打造品牌、銷售爆品；而另一種人，則是自己瞭解市場後，努力讓不瞭解的人也能進到市場。比起直接提供魚，不如給你釣竿。這是一條宛如傳教士的路，因爲奠定心法根基需要時間。在快速變化的時代，這本書能讓行銷人重新檢視行銷基礎，尤其對於行銷有盲點的人更具幫助。

建立良好觀念跟基礎心法，才是眞正的行銷。可惜多數撰寫行銷心法相關的書籍，多爲國外的翻譯著作，但行銷有趣的是，根據市場的不同，其實無法同一套公式代入操作就能複製成功。因此這本書的出版，將行銷的利基點著眼於台灣市場，聚焦台灣消費者的市場需求，讓人瞭解：「原來台灣市場需要的是這個！」因地制宜更能符合行銷需求。

當你瞭解行銷心法並奠定良好基礎，兵法就能用於商戰，記得書中所列的三十六個方向，行銷問題都可以迎刃而解。

培養「整合」的能力，解決實務痛點。

國立高雄科技大學資訊管理系教授兼企業整合研究中心主任　周棟祥博士

嘉文是我在大學任職的第一位研究生，鬼點子特多的他，具有豐富的創意和實踐力，此次其將所學與行銷知識相結合，並與資訊科技、雲端服務、行銷實務等專業進行跨領域之結合，的確是件不容易的事。

猶記當初的亞馬遜創建初期，也沒有想到雲端服務在如今的世代是件再正常不過的事。不只將生活面的需求，結合日常來推廣，讓消費者接受新的商業模式。嘉文亦將這樣的精神帶進其書中，讓不懂專業與行銷的人，也能透過淺顯易懂的方式，踏入行銷的領域。

現今時代需具備良好的「整合」能力，如同書中的第 17 計〈虛實合一，百戰百勝〉，裡面形容網路行銷不能只靠網路接單，最好能虛實整合，結合實體店面，是最好的行銷結合方式之一。這種 O2O 策略，可先觀察市場需求，將需求妥善規劃後，轉化為解決問題的方式，進一步落實行銷策略的發展過程。

另外，本書第 21 計〈見縫插針，見洞塞栓〉強調任何客戶，都有一定的痛點，找到需求才能對症下藥。解決客戶的痛點，我想也是這本書的精神，無論是想創業的新鮮人、位居高位的企業家或是初踏入行銷界的新手，皆是這本書的多元目標讀者，因爲裡面提到了各種問題的解決方式，相信能讓閱讀者從中領略新的想法，瞭解行銷本質進而解決痛點。

很高興能有機會學生的著作撰寫推薦序，讓本書許多很有趣的想法，得以透過文字來落實，亦將學術理論結合應用層面，希望本書能幫助更多有需要的人。

周棟祥

於高雄

行銷界的武功秘笈，笑傲網海江湖！

中華網路行銷講師協會創會理事長　鄭情義

古代戰場、攻城掠地、除擁有強大兵力之外、更強調的是「謀定而後動」。主帥需具備高深計謀與作戰策略，才能在合適的最佳時機來下手及收手，以此降低戰敗風險、提高勝率，進而大獲全勝。如同神機妙算的諸葛亮，使劉備得以穩固軍方，進兵西蜀、流傳後世！

時空轉換，來到現代網路世界戰場，無時間、空間限制，面對的對手與環境更是險惡複雜！唯有吸收在這網路行銷領域、擁有高實戰經驗的高手導師，汲取他所傳授的各項經驗值與知識，才不會迷失在茫茫網海中！

本書作者之一的葉松宏老師，在網海江湖深耕數十年，成功經營的網路行銷專案不計其數。除受邀於各大產官學單位的邀請，更無私分享其實務的專業經驗，也成功地開立了「網路行銷講師培訓班」，孕育出百位優秀的網路行銷業師，並輔導「中華網路行銷講師協會」的設立。葉松宏老師在網路行銷界的貢獻，已有其不可抹滅的實績與高崇地位。

今日與林嘉文老師共同出版《網路行銷 36 計》一書，更是集其畢生功力於此的驚人佳作！

古有秘笈葵花寶典，得此寶典可達到登峰造極的武學最高境界！今有《網路行銷 36 計》，宛如行銷界的武功秘笈，研習此書，當可蒼海一聲嘯、笑傲網海江湖！

祝大家學習愉快！

從內觀領悟三十六計，爲商場上的士兵們找出最佳解法！

葉松宏

在 2014 年的秋天，我在台灣高雄參加內觀活動時，全程 12 天不可以講話、不可以交談、不可以目視彼此……更不能使用手機（因爲一入關，手機就全部統一集中管理），在資訊恐慌症的情況下，我前三天非常焦慮！

擔心客戶的問題沒辦法即時回覆、新的業務近來沒人接應……慢慢到了第三天，心靜下來了，既來之、則安之。

在高雄六龜的峽谷，日看山谷流水、樹葉飛鳥；夜觀天際星空、耳聽蟋蟀蟲聲。想著網路行銷在商場上的運用思路，慢慢有些想法，如同古人觀自然、領悟了一些事情。

古人言：「商場如戰場，生死一瞬間，兵法如同商法。」我突然想起《赤壁》這部電影，孔明怎麼算準當下會「起東風」？是之前就佈好局了嗎？這部電影自己看了七遍以上，每次看周瑜與孔明的對戲眼神，就讓我有不同的解讀。

在內觀活動剩下的九天裡，我每天回想網路行銷上所遇到的各種問題與策略運用，用簡單的文字描繪下來，然後反覆數百次地修改。

出關之後，奠定了網路行銷 36 計的關鍵要領。期盼提供給企業，作爲網路行銷的心法與變通模式，只要懂得活用，就可以輕而易舉地規劃自己的網路商業帝國。

在《赤壁》之後，我用心觀看了《瑯琊榜》、《軍師聯盟》等電視劇。這兩部電視劇，都是我必定要求內部高階同仁觀摩學習的教案，也更確立我想將《網路行銷 36 計》付梓出版的原因，我想讓行銷心法寫成白話文字，讓更多人可以善加運用。

我找了林嘉文準博士討論這個想法，由我闡述其中的精神與涵義，再由他根據他的理解與彼此交流後，完成了這本書。這些年來，我們就根據各種顧問案、委任案的實務案例，活用 36 計，以此找出企業本身的問題點，進而「尋計套用」。

感謝家人的支持與林嘉文準博士的合作，也謝謝出版社的柯延婷總監與相關同仁的共同努力，讓這本書可以順利成書，期盼這本書可以幫助到更多從業人員，若你是網路行銷的相關人員，那把這本書放在辦公桌前，想到時就看一下，相信你也能跟我一樣，領悟出一些事情，讓問題迎刃而解！

在網路上，你永遠不知道會發生什麼事！

林嘉文

人生很奇妙，在網路上，你永遠不知道會發生什麼事？葉松宏老師是我網路行銷的啓蒙老師。我從一個什麼都不懂的菜鳥，到現在可以在各大學院及公司機構教授網路行銷課程，葉松宏老師的啓蒙是非常重要的一環。

《網路行銷 36 計》這個概念，是由葉松宏老師提出，再經由我們兩個共同討論及編寫。這本書的誕生也是奇妙的緣份，約莫兩三年前，當我想要出關於網路行銷相關書籍，葉老師也提出一個網路行銷 36 計的概念，我當天就跟老師討論並一起出版這本書。

我們兩個一拍即合，馬上就開始合作撰寫，將我們這幾年的心得及感想，做個詳細整理。這本書屬於心法，當你在網路行銷上遇到各種問題，藉由這本書的引導，都可以給你一個新的思考方向。

網路技術一直推陳出新，今天你熟悉了一項技術，有可能過了幾年，你熟悉的技術就變了。但技術再怎麼變，背後的邏輯及心法，很少會隨時間改變。當你熟悉這本書的觀念，再搭配你熟悉的技術，就會讓你在網路上獲得許多成果。

感謝這幾年給我授課機會的前輩們，也感謝貓眼娜娜老師及所有行政工作人員。這本書，沒有大家的陪伴及經歷，就無法順利產出。希望這本書，可以協助大家在網路上，獲得自己想要的成就。

目
錄

目
錄

目
錄

01

網路行銷36計

取財無時，因地設鋪

網路獲利取財是不受時空限制的，得因應目標市場所在地設置能收回銀兩的店鋪或電商模式。

早期接觸到網路相關理論時，我就發現網路有個特性一直被人們拿出來討論，那就是——網路是24小時全時運作。你只要將個人網頁或商品放在網路上，想瞭解你的人，或是想購買商品的人，都可以24小時查詢到你的相關訊息；也因此讓許多人以為：在網路上做生意，是24小時都可以做的。

網路24小時全年無休的運作模式，至今也讓許多網路電商或平台拿來當作招商文案之一，這一點確實相當吸引人！畢竟在網路上，獲利模式如果成功，眞的不會受到時間跟空間的限制，這就是「取財無時」的定義。只要你的商業模式夠成功，可以24小時利用網路，沒有時間跟空間限制，來幫你做生意。

然而，網路雖然突破了時間跟空間的限制協助你做生意，但相對的，你的消費者，也會從四面八方而來，在這樣的情況下，你認為單一網頁的內容，還能夠適用於全部的人嗎？在早期，或許可以，那時網路資訊尚不發達，人們找尋資料多半還是停留在紙本模式，很多人不喜歡也不信任在網路上找到的解決方案。

反觀現今網路技術發達，大多數人一遇到問題，就上網搜尋解決方案；你根本不知道，來看你網站的會是誰？以往單一網頁內容適用於所有人的想法，現今，適必要改觀。

再加上，現今的網路環境複雜，不像早期，只有少數的入口網站，例如：Yahoo奇摩、章魚網等；當時的行銷模式，只要針對少數網站做行銷策略就好，而現在，入口網站眾多，有許多不同特性的入口網站，行銷模式也適必要有所改變。

「因地設鋪」這句話，大家可以想像成「客製化」一詞。我們常聽到，要對不同的消費者量身訂做不同的方案，進而滿足消費者需求，讓廠商可以產生獲利的商業模式——這個就是客製化的大意。

只不過，在網路版的「客製化」上，這時的客製化對象，不是消費者，而是廠商；我們須根據廠商的特性，設定不同的行銷方案策略，讓廠商可以更快速吸引到特定消費族群，也能讓網路消費者快速找到適合的問題解決方案。

這樣做的好處有二點：

一、廠商可以更快速的找到主要消費族群，減少網路行銷資源的浪費，將網路資源集中在更有獲利空間的族群上，讓廠商可以產生獲利空間，進而提供更好的產品服務給消費者。

二、消費者快速找到適合自己的問題解決方案，更快獲得服務，減少在網路上搜尋資料的時間，能使消費者對廠商產生良好的品牌印象，進而對廠商產生依賴，創造一個双贏的正向循環。

「因地設鋪」的主要概念是，廠商要從不同消費者市場或特性，設置不同的店鋪或電商模式，來收取消費者銀兩。那麼究竟廠商要如何針對不同消費者來設置不同的電商模式呢？我們先從「搜尋」這個關鍵字，開始分析。

在《行銷 4.0》一書中曾提起，網路消費者的購買流程可以遵從幾個步驟，那就是 AISAS（Attention 注意、Interest 興趣、Search 搜尋、Action 行動、Share 分享）。目前大多數消費者的購買習慣，會遵從 AISAS，當消費者對產品產生注意或感興趣時，他們會先搜尋相關資料，然後決定要不要購買，進而在將使用經驗分享在網路上。

網路「搜尋」這個功能，在你我日常生活中不可或缺，這是多數網路使用者會使用的工具，廠商如果可以適當地從中跳出解決方案，

注意 (Attention) → 興趣 (Interest) → 搜尋 (Search) → 行動 (Action) → 分享 (Share)

圖表 1-1 網購 AISAS 步驟

順利解決客戶的問題點（痛點），若能針對不同客戶，提供不同問題解方，往往商機就會在此出現。

如何在網路上解決客戶的痛點？現今最多人使用的搜尋引擎是Google，我們可以運用Google搜尋機制，大量提供相關關鍵字或關鍵詞組，讓網路使用者及潛在客戶，可以快速搜尋到你的網站，提供相關內容吸引客戶，並且接受你提供的相關服務。

網路店鋪設在哪？

透過針對現今網路機制及平台，筆者進行以下分析，進而提供一些建議，讓廠商可以針對不同網路機制及平台，進行了不同的行銷策略及規劃，集中資源來推廣自家服務及產品，用適當的預算，來創造出最大價值。

產業入口網站廠商必須根據不同產業特性，來做出預測行爲，先預測消費者會去哪裡找尋產業相關訊息，在不同地區找出不同產業的入口網站，找到後，再提供產品詳細資訊及服務，留下重要的聯絡資訊，讓消費者搜尋相關產品資訊時，可以快速聯絡廠商。

電商平台在這個平台比電台還多的年代，很多業者還誤認爲，只要把產品放在平台上，就能立即獲利，但這其實是不太可能的。只有盡可能將產品優化，提供良好的產品圖文資訊，同時儘量搭上不同的網路平台，例如：YouTube等，提供優良的文案及產品誘因，才能吸引到消費者前來消費。

部落格平台很多人認爲，部落格已經是過時的網路媒體，要經營部落格必定要花大錢，請部落客來撰寫文章，其實不然；大家只要花時間經營，提供優良的產品資訊及文章，部落格是可以自己經營的，經營部落格的好處，除了可以增加網路知度外，同時也會爲企業創造出網路流量及金流。

討論區平台很多消費者在購買產品前，都習慣在網路上爬文找資料，有些人甚至會到相關討論區平台，找尋網友的推薦及評價，甚至還會找產品使用心得；筆者強烈建議，必須在這些討論區平台發文導引，做爲網路流量的來源。

社群平台在台灣市場，一般消費者普遍慣用的社群平台包括：Facebook、Instagram 等；其實，全世界各地類似的社群平台大約有 280 個左右，這些社群平台用戶的使用習慣，都不盡相同，台灣廠商不應該限制於 Facebook，應該針對不同區域市場的社群平台，提供優良的產品資訊及服務。

「取財無時，因地設鋪」——主要強調廠商可以運用網路，以 24 小時全年無休的特性，針對全世界不同市場、國家及人口特性等，來訂定不同語言、文字並配合消費者使用習慣，制定不同的行銷策略，讓廠商的網站，可以眞正做到跨時區且跨國家的生意。

舉例來說，台灣的金融產業中，王道銀行就是個好案例。它將銀行一些基本功能，都改爲直接上網辦理；如開戶、存錢及投資等，只要有網路就能直接線上辦理，這勢必將衝擊整個金融業。未來，只要銀行能透過網路辦理各項功能，就能大量節省人力成本，網路化勢必逐漸取代現況並擴及各項服務。

2020 年起因新冠病毒（COVID—19）疫情影響，許多廠商都想轉型線上銷售；然而，大多數廠商都認爲只要找了網路購物平台，把貨物放上網路平台銷售，這樣就是網路行銷了；其實，商品放上購物平台銷售，這只是網路行銷的技巧之一。

你的產品，要如何吸引人產生興趣，讓消費者購買，網路銷售流程是否便利，線下物流及線上金流是否符合廠商需求，這些都是必須考量的點。

當你將這些都考慮清楚了，才能眞正做到「取財無時，因地設鋪」，運用網路 24 小時來幫你賺錢的目標。

TIP

請思考一下，你現在的產品或服務，是否可以直接透過網路購買或代理？如果可以，你應該要提供什麼樣的功能及流程，才能讓消費者安心購買，真正的達成 24h 網路不限時間、不限地點的營業呢？

網路行銷36計

02 不賣而銷，不供而求

塑造氛圍，鎖定族群，不做叫賣，當你有需要，自然而然就會跟我買，不用刻意推銷，消費者自會慕名而來。

坊間有不少教導「如何賣東西、如何銷售」等技巧的行銷類書，內容多半強調廠商應如何運用文案、話術及折扣等相關技巧，吸引消費者購買產品；然而絕大多數都忽略了，從源頭的消費者需求層次切入。

供給和需求，是人類最原始的消費行爲，也是經濟學中，最基礎的理論。

不管你有沒有念過經濟學，人類的消費行爲幾乎就是按照這個模式而生。例如：你去菜市場買菜，剛好你今晚想吃蔬菜（需求），菜販提供蔬菜給你（供給），這一來一往，正構成了市場的基本交易行爲。

經濟學中也明白指出，消費者有需求，廠商有供給，市場價格就會成立，產品市場就會有交易出現。基於這點理論，很多廠商，都會努力於找尋消費者需求，或是運用更多銷售手法，來吸引消費者注意，例如：百貨公司週年慶、跳樓大拍賣等技巧，主要是吸引消費者注意，進而購買相關產品。

許多研究指出，人類的消費模式，其實會受到外在影響；有時候，消費者購物是一股衝動，沒有理性思考就會做決定；在這當下，我們購物決策，往往不是出於本意，而是外在的一個氛圍。舉個日常生活裡明顯的例子，就是當我們看到許多人在排隊等候時，很多人會好奇看在排什麼，或是不自覺地去詢問店家資訊。

我們都知道，經過理性思考再下決策，才是最完美的；可是，往往實際上多數行爲，都會受到氛圍影響而衝動下決定；就像許多人每次去著名的美式賣場 Costco，心裡都知道自己要買的是什麼產品，列出了購物清單，不過，大多數人逛了一圈後，購物車裡總會多出了許多清單外的產品。

這是多數人的心聲：「明明都己經列出購物清單了，爲什麼購物車中，還是會多出許多商品？往往買回家後才開始懊悔很多東西都用不到……」這點其實從群衆心理可以解釋。

人類是群聚動物，當群體同時做某件事時，你如果不做，會覺得沒安全感，會覺得遭到排擠；因此，你的身體會爲了尋求安全感，會降低大腦理性思考，進而轉變爲遷就感性，瘋狂地跟著群體做出相同舉動，這種促使群體做出相同動作的環境或事物，我稱之爲「氛圍」。

很多廠商在販賣商品時，都直覺認爲，只要有「三努」行爲，客戶及業績就會成長。三努行爲指得是：「努力打廣告」、「努力做促銷」、「努力給折扣」。廠商做三努行爲基本上沒錯，但是，做完三努行爲後，業績雖然隨著客戶人數會成長，但往往利潤也會跟著降低，這對廠商來說，其實是很不利的。

「不賣而銷，不供而求」——主要強調，廠商不需要花太多廣告費用，消費者自然而然會購賣自家商品。很多廠商販賣自家商品時，多半從產品面去思考，而忽略了消費者需求及市場氛圍，只要創造出好的市場氛圍，消費者自然而然會購賣自家商品。

創造市場氛圍的手法有很多，有些氛圍需要長時間來培養，有些氛圍則是短期卽可促成，有些則是時機恰好出現，消費者不購買商品，會覺得對不起自己……這些都考驗廠商對市場的觀察力；短期的氛圍來的快、去的也快，這是一體兩面的。

創造市場氛圍的方法

廠商創造市場氛圍的方法，可分爲下列幾項：

限時特價：網路上傳遞訊息的速度之快，有時眞的超乎想像！限時特價，是指在特定時間之內，將產品用低於平常的售價來販賣，限定的時間可長可短，長至幾天，短至幾小時，消費者往往會因限時兩字，而產生搶購心態。

限額特價：限額特價跟限時特價，主要差異在於：限時特價是強調時間，限額則是強調數量。在特定時間，一次要購買幾個以上，或是每次限購幾個，才能有折扣，消費者會覺得買到賺到，進而大量進行採購。

近年來，台灣星巴克經常在特定日期、特定時間裡，推出相同產品買一送一活動，每次都造成搶購風潮，就屬這種。只是類似活動，不能太常舉辦，如果太常舉辦，消費者會知道，這次搶不到，下次廠商還會再辦，這樣就無法造成消費者產生購買的欲望了。

塑造市場氛圍的步驟

塑造市場氛圍還有另一種是型式，有一系列的活動跟宣傳，宣傳到後面，有可能造成搶購風潮，這一系列活動，可以拆解成幾個步驟：

一、事前宣傳：廠商會在促銷前，進行宣傳或行銷活動，有時候，廠商也會搭配時事，來進行事前宣傳。舉個著名的例子：台灣在 2018 年 2 月發生全民搶購衛生紙，起因於工商時報在 2017 年底報導，國際紙價將會連漲三個月，有廠商看到這則訊息後，便開始計劃後續一連串的行銷活動。

二、事中傳播：台灣因習慣用 line 通訊軟體，在 2018 年初，許多群組就有傳出國際紙價即將調漲，許多廠商會利用這波調漲，來調整民生用品的價格，調漲幅度高達 30%，藉由訊息的傳遞造成民眾產生恐慌心理，讓消費者預期未來紙類的價格即將調漲。

三、事後收割：當民眾預期未來民生用品會調漲，此時，許多新聞媒體宣稱，某大賣場接獲各大衛生紙廠通知，衛生紙價格確定會調漲，媒體消息一旦播出，加上事前新聞跟 line 群組的傳播，造成了民眾搶購的風潮，才會產生有名的台灣衛生紙之亂。

「不賣而銷，不供而求」——考驗著廠商對市場的敏銳度跟反應度，販賣產品除了一般行銷折扣手法之外，也可以創造出消費者非買不可的氛圍，這些都要靠廠商的觀察跟工具的輔助，創造氛圍來進行銷售，如此一來，往往會比用折扣等手法，能獲取更可觀的利潤。銷售不是只有降價跟促銷，配合時事或創造話題，也可以獲得高額報酬。

知名的蘋果手機 iPhone 是最佳案例。它將蘋果產品設定成爲「時尚、高雅」的產品，也因爲 iPhone 的定位成功，成功吸引了一群忠實顧客，「果粉」們不管產品價錢有多高，只要是蘋果的產品，幾乎都買單，這就是不靠促銷及折扣，單靠市場定位就創造出好業績的最佳案例。

有時候，市場氛圍是由他人或環境決定的。例如因爲新冠狀病毒疫情影響，大家都怕感染，許多壽險公司，從 2020 年起疫情期間，推出一年繳幾百元保險費，萬一確診，立刻返還幾百倍的保險。

這些都是藉由環境的氛圍，業者即刻推出因應產品吸引顧客上門消費賺取金錢最好的範例，如果你眼光夠精準，能在網路環境中，事先嗅到氛圍，就能運用小小成本，以及簡單的網路技術，賺取好幾倍的利潤。

TIP

你是否有自己獨特的銷售行事曆，配合台灣各大節日，來創造話題，進行相關活動宣傳？如果沒有，要記得做哦！好好運用每個相關時事及節日，才能創造適當的話題及氛圍，來進行有效地網路銷售。

03

網路行銷36計

欲銷其貨，必知其習

要銷售產品，先瞭解主要購買族群（消費者）習性。

網路行銷是一門有趣的科學，從事網路行銷行業，必須要懂相關的技術跟學科，我常說，網路行銷再怎麼變化，本質背後還是以行銷學為基礎，在外教授網路行銷相關學程時，我常問：「你的產品要賣給誰？」常有學生回答：「賣給所有人啊！」

聽到這樣的回答，我通常會接著續問：「那你能描述你客戶的樣貌嗎？」多數學生一聽完問題後，大半都會陷入沈思，這才發現，原來他們的產品，連要賣給什麼對象都不知道。我會接著笑答：「當你連賣給誰都不知道時，自然無法做一連串行銷活動跟行銷策略了。」

大多數人，學習行銷學跟文案撰寫，都會學到 TA（Target Audience）目標族群，雖然這是很多人都知曉的理論，但大多數廠商要販售新產品時，都會忽略了這個理論。當你的產品適合所有人，換句話說，這個產品很容易被取代了。

台灣己經進入物質條件豐富的年代，很多產品一定會有對應的替代品，尤其是食品跟保健食品，任憑你的配方再怎麼獨特，在市場上總有辦法找到相同效果的產品。

就算是你研發技術再怎麼厲害，產品再怎麼新奇，一開始若未能鎖定特定消費者，你發展出來的行銷策略，會跟別人一樣，到最後，商品只會被埋沒在衆多競爭者中，從市場消失。

筆者在教授網路行銷課程時，學員，不乏有許多創業家及產品經理帶著自家產品來展示；他們都強調，自家產品有多優秀、得過多少獎項、有無數名人代言……多半是從產品面去思考。

我經常都會問他們一句話：「有誰會需要您們的產品？」大多數人都這麼回答：「很多人都需要。」我反問：「很多是指誰？有多少？這些人有什麼特徵？」多數人一聽到這，往往啞口無言。

多數廠商習慣從產品角度去思考，都忘了消費者的眞正需求。我常提醒他們——換個角度從消費者層面去思考。我總問：「從心理學角度，你瞭解消費者背後眞正的意圖嗎？」

說大白話，廠商必須問自己兩個問題：「哪些人非得用我們的商品不可？不用，會有生命危險？」「什麼情況下我們家商品一定會被使用？不用消費者會覺得難受？」

「欲銷其貨，必知其習」——主要講述：當廠商準備銷售產品，必須要先瞭解消費習慣，做足功課，這樣才能針對消費者習慣，去規劃不同的行銷策略。

如何避免行銷短視症？

相同的產品，面對不同的消費群族，發展出來的行銷策略及活動也會不同，網路行銷千萬不要用產品角度思考，這樣會陷入行銷短視症中。

行銷短視症（Marketing Myopia），是指公司做行銷活動及策略，對自家產品過於自信，而忽略了市場及消費者需求，這是大多數廠商及公司行銷人員會犯的錯誤；主因是行銷人員太瞭解自家商品，因爲太瞭解自家商店，眼中都是商品的優點，反而忘記了「消費者眞正想要的是什麼？」。

那麼要如何避免行銷短視症，找到消費者眞正想要的呢？建議可以從 3W 層次去思考？分別是 Who、When、Why。

Who：找出眞正的消費群衆。如果眞的無法思考，覺得消費群衆太籠統，可以換個角度來想：哪些消費者一定會用我們的產品？如果不用會覺得全身不對勁？例如：維士比藥酒，就鎖定勞動階層工人，當勞動階層勞動了一天，會覺得精神疲勞，只要喝一杯維士比，馬上就可以恢復體力。

When：消費者何時會購買我們的商品？每種產品都有其特性，將產品特性加以運用，可以找出消費者非買不可的理由。這些時間點，最好可以搭配節日，產生記憶點，讓消費者心中只要想到特定日子，就會想到我們的商品。如：大陸淘寶平台（Taobao.com），將雙

11 光棍節營造爲特價拍賣盛會，許多消費者只要想到雙 11，就會直接聯想到淘寶特價拍賣。

Why：消費者爲什麼要購買我家的產品？有什麼理由，一定要購買我家產品？找出一個理由，加以宣傳，讓消費者產生掏錢購買的慾望。例如：知名鑽石廣告文案強調「鑽石恆久遠，一顆永流傳」。用鑽石來見證愛情，讓許多女性消費者產生認同，若要愛情永久，購買鑽石是最好的見證品。

如何找出消費者習慣？

思考完消費者眞正想要之後，接下來，就是得瞭解消費者習慣了。要銷售任何產品之前，必須瞭解特定消費者習慣，從習慣找出消費者的消費模式，再從消費模式中，發展出行銷策略。那麼如何找出消費者習慣呢？建議從下列幾個方向去思考：

年齡：用年齡來劃分消費者族群。在網路行銷裡，最常見的方法，基本是以十年爲一世代單位，要將消費族群分成多少組群，則看每家企業需求。不同年齡層，有不同的消費模式、興趣及話題，將消費者分類後，找出自家產品最適合消費族群，研究這些消費族群的生活習慣及消費模式。

性別：現今社會己邁入多元化社會，單從人體特徵來區分成男性及女性，己經不符合現實所需，建議從心理層次來區分，將多元性別也納入考慮，這樣你產品的思考層面也比較不會受限。

居住地：台灣雖小，南北生活習慣卻天差地遠；舉個生活例子：北部人習慣坐大衆運輸工具（捷運），南部大多以摩托車爲主，光交通運輸就差別頗大了，更別說消費水準及生活習慣，瞭解不同城市人口的消費差異，是瞭解消費者習慣的重要環節。

收入：收入的高低，也會影響著消費習性，如果你想販賣高單價商品，要瞭解高收入顧客需求，試想這些顧客想要的是什麼？以及他們接受什麼樣的商品文案與服務？如果你是販賣低單價商品，也要去思考，哪些銷售手法及服務，可以快速吸引收入較低的消費民衆。

「欲銷其貨，必知其習」——用行銷學理論來解釋，就是當你要販賣產品時必須瞭解到，主要消費族群的習慣及愛好，愈瞭解主要消族群愛好，在進行行銷活動及策略規劃時，愈能投其所好，這樣你的銷售才能獲利，才能快速成長，達到理想業績。

很多讀者會想知道，要如何快速瞭解消費者習性？除了實地訪問外，從數據也可以看出消費者習慣，在此介紹一個網站，是我在做行銷策略時，經常使用的數據網站：創世紀（https://www.ixresearch.com/）裡面有許多相關的市場數據，可供大家做爲參考。從數據中找出消費者習性，也是網路行銷人員必備的條件哦！

TIP

若你自己本身，有沒有固定常用的數據網站，最好收集幾個，存放在網頁書籤中，未來如果要說服廠商及客戶時，提供確切數據是最有說服力的哦！

04

網路行銷36計

鋪天蓋地，佔滿鰲頭

Google 佈局產業關鍵字，輸入關鍵字，第一頁呈現相關企業訊息。

筆者在外教課經常被學生問到：「怎樣才能從網路快速賺到錢？最好用免費預算，投入網路後，一個月後收入破十萬？」我聞言總是笑答：「有這麼好的事？如果我知道，還需要辛辛苦苦在這裡教課嗎？我教課是有薪資的，不是來教興趣的。」

很多學生聽到我這樣回答，傻笑回應：「說的也是！」我通常會再續問：「這種賺錢方式，在現實生活中根本不會發生，爲什麼你認爲在網路世界裡就能實現呢？」學生回：「很多授課廣告文宣，總強調網路 24 小時可接單，可以免費做宣傳，輕鬆月入數十萬啊！」

我則笑回：「如果這麼好賺，這些授課老師跟授課單位，穩穩的賺就好了，幹嘛要辛辛苦苦發廣告文宣？每次上課，還要拍照做宣傳，上台還要準備簡報賣命演講？統統只要輕鬆在家等賺錢不就好了，幹嘛那麼辛苦？」

不少學生細想，腦袋才像開了竅，回答：「也對哦！如果這麼好賺，這些人穩穩賺就好，幹麼要辛苦開課、辛苦招生？」說到這裡，我總是微笑不語，心想：「學生都能想通就好，我就不用再多做解釋了。畢竟，只要觀念通，心不貪，就不會上當了。」

早期電子商務技術尚不發達，很多人會強調，有了網路 24 小時不休息，只要將網頁放上網，申請個網址，消費者只要隨時想到，就能上網站購買商品，這樣不僅省店租，透過網路也可以免費幫你宣傳……那是早期的電商環境，眞的不適用於現代網路環境啊！

很多人就質疑：「那要如何才能靠網路行銷賺到錢？網路並不是只讓我們拿來查資料用吧！」這句話說到重點了！現代網路技術進步，大多數資訊都可在網上找到解答，讓現代人有一種習慣，很多人一遇到問題，就上網找尋答案。

我們可以利用現代人遇到事情就上網查資料的習慣，在搜尋引擎上，進行一系列佈局，讓消費者遇到問題，輸入相關關鍵字時，搜尋引擎第一頁出現的資訊，是企業安排的相關資訊及宣傳文案，提供問題解決方案給消費者，增加曝光機會，讓消費者可以點選相關網站。

有人會問說，在搜尋引擎進行網路佈局，會不會花很多錢？浪費很多時間？網路佈局預算見人見智，財力雄厚的企業，可以投入較高的行銷預算，但若是中小型企業，只要用對方法，相對能以較少的行銷預算，達成相同效果；這些都是需要時間累積的。

很多人受了電視媒體跟不良廣告影響，都誤認爲網路可以在短時間之內帶來巨大利潤，往往奢望今天架網站，明天收現金；殊不知要在網上產生影響力，短時間獲得巨額利潤，這根本是天方夜譚！但是，只要是妥善佈局有成，必定會爲企業帶來超額獲利。

關鍵字佈局

「鋪天蓋地，占滿鰲頭」——意指只要在網路上，用心規劃，精密佈局，當消費者輸入關鍵字，顯示在搜尋引擎第一頁、甚至是第一筆資料就是我們安排的問題解方，若不是在第一筆，至少在前兩頁，有 60% 是我們安排的相關資訊，這樣鋪天蓋地呈現資料，消費者必定會動心，而點選網頁內容的。

那要如何在網頁佈局呢？正確來說，當消費者輸入關鍵字，要如何讓搜尋引擎的首頁，呈現我們安排的企業資訊呢？有些人會認爲要在首搜尋結果首頁呈現我們安排的相關資訊，是不是要學會 SEO（搜尋引擎最佳化）？

大家不用擔心，我們先跳過 SEO 技術層面，提供幾項建議，讓大家可以更快的上手，讓不懂技術的你，也能讓搜尋引擎首頁，呈現你想要的相關企業資訊。

提供的建議如下：

一、瞭解你的搜尋引擎：大家印象中，搜尋引擎都是以 Google 爲主，Google 確實是搜尋引擎龍頭，然而全世界還有多種不同的搜尋引擎，只是我們很少接觸而己，請先瞭解自己產品的消費者，習慣用何種搜尋引擎，再針對不同搜尋引擎的特性，來做不同的行銷佈局，才是最有效率的方法。

二、寫出十組延伸關鍵字：每個產業都有專屬的關鍵字，這些只有熟悉產業的消費者，才會使用。何謂延伸關鍵字？就是直覺關鍵字，加上你專屬的關鍵字。例如：曾有嘉義維修印表機廠商，要做關鍵字行銷，他寫下的關鍵字是「Epson 印表機維修」。

我則建議他說：前面或後面要加「嘉義」兩字，因爲當消費者輸入 Epson 印表機維修時，你人在嘉義，消費者在台北時，你只是幫台北 Epson 印表機維修做宣傳而已，今天你要找的是嘉義客戶，而且嘉義的客戶，只要看到關鍵字有「嘉義」「列表機維修」等相關字眼，就會點入網頁了解詳情，你的成交機率自然會提高了。

三、在網站埋入關鍵字：爲了要讓你的網站可以讓 Google 搜尋，勢必要將你挑選的關鍵字埋入在網站中，當然這不是叫你隨便埋，還得要搭配文字跟標題，這樣 Google 才不會認爲你作弊，能順利提高你網站的加權分數，讓你的網站呈現在搜尋結果的第一頁。

四、影音和圖片不能忘：很多人在安排網路佈局時，會忘了附上影音及圖片。在 YouTube 製作短影片，將關鍵字輸入 YouTube 平台資訊中，也會提高搜尋引擎加權分數，在網站圖片中，將圖片檔案改成關鍵字，也會提高網站曝光機會哦！

五、網站要定期更新：很多人做了企業網站後，幾乎都不再更新，一放就好幾年時間，讓網站變成萬年網站，這樣會讓 Google 降低加權分數；定期的更新網站內容，不是叫你網站全面改版，而是定期發布文章或是公告等，這樣也可以提高 Google 加權分數。

「鋪天蓋地，占滿鰲頭」——是要讓消費者使用 Google 輸入關鍵字時，廠商的企業網站資訊可以呈現在搜尋結果的第一頁，並且搜尋結果前三頁，也要占了 60% 的版面，這樣才能形成鋪天蓋地的情況。

藉由提高指定內容在 Google 搜尋引擎的曝光度，引導消費者點入網站了解內容，造成正向循環；這些，都要在建構網站前，先規劃且安排好，等時間一到，網路聲量及曝光度，自然就會提高了。

除了在 Google 搜尋結果外，你是否有想過其他的曝光管道呢？例如：我的商家、或是其他論壇等……思考一下，要如何讓消費者，在網路上隨時看到你的訊息，卻不讓消費者生厭呢？

網路行銷36計

05

貂蟬獻舞，眾將失守

美女、正妹人人愛，是永遠不退流行的行銷手法。

在2017年某場講座中，筆者講授網路行銷議題，題目是：〈如何在網路時代，快速提升知名度〉。題目聽起來非常學術，我試著用不同角度解釋，網路時代如何提升知名度的行銷手法，其中，有一個行銷手法，叫做「美女行銷」。顧名思義，這個行銷手法，是運用漂亮女性的身材面貌吸引人目光的行銷手法。

通常在講授這個題目時，我都會強調，行銷沒有對錯、只有適不適合，有些正義魔人會認爲這是在物化女性。說物化有點嚴重，畢竟，每件事都有不同的觀賞角度，寶劍它在好人手上，就是保家衛國的武器，在壞人手上，就是危害人民的兇器。不可諱言，美女行銷永遠是吸引注意力最好的行銷手法。

如果把美女行銷的範圍擴大，應該不單純指漂亮的女性，身材好、面容俊帥的男性，也適用相同手法，只是消費對象不一樣。喜歡看美好事物，是人的天性。

大多數人類，都喜歡美好事物，厭惡醜陋樣貌；當然，美的定義因人而異，但爲了讓大家更瞭解這個行銷手法，這裡的美女行銷，就以單純正妹跟美女來定義。

有人常說，愛美是女人的天性，在這個號稱多元化的社會，也有男人開始愛美，雖然目前台灣還是有些人，無法接受男人愛美這件事，但在這個民主社會，我們只能尊重彼此選擇。愛美是人的天性，看美的事物則是人類通性，沒有人喜歡醜陋事物，只是每個人對美的標準不一樣而己。

「情人眼裡出西施」這句話充分表現出，每個人對美都有不同認知，在行銷手法中，美女牌永遠是話題焦點。當美女化好精緻妝容，身著亮眼華服時，永遠會吸引衆人目光(例如：宅男等)，打扮性感加上適當裸露，鎂光燈永遠打在她們身上。

每個男人心中都有個性感女神，當性感女神出現，總是可以滿足大多數人心中的慾望。

往往有人質疑？如果正妹行銷那麼有效，那是不是找個長相漂亮、身材姣好的妹子，就可以吸引到許多目光？這點倒是眞的，不然，市場上不會有展場模特兒這個職業出現。

大家如果有印象，舉凡去逛任何展覽，常出現許多展場模特兒（Show Girl），這沒有不好，畢竟漂亮女生，永遠是吸引衆人目光最快速方法。

筆者在網路行銷講座時求證多數聽衆都承認，漂亮女生是吸引目光最快速方法；但當我接下來再問：「請了漂亮女生來站台，然後呢？」因爲吸引人氣，只能證明你人氣旺，業績會不會提高？沒人敢保證，我們只能推估，當人氣攀升，購買數量相對也會提高，提高多少，眞是看個人功力。那到底有沒有什麼方法，可以確保提高業績銷量呢？

在這裡我提供一個公式，那就是「性感＋感人」。正妹永遠是性感的代表，當正妹吸引消費者目光時，要有個理由讓消費者可以掏錢消費，不然，消費者眼光頂多只停留在正妹身上，而忘了產品本身；如果這時，再加上一個感人的理由跟產品相關連，消費者就會因爲感人的理由，而產生消費行爲。

如何運用美女行銷？

2016 年曾紅極一時的「D 奶少女開設檳榔攤粉絲團」，當時媒體爭相報導，主要是描述一位身材姣好的女生，開了檳榔攤並成立粉絲團，其目的是爲了養活媽媽。光只有 D 奶少女成立檳榔攤粉絲團，只會吸引許多人目光，對業績的幫助其實不大；可是，少女經營檳榔攤是爲了改善家計奉養媽媽，加了感人的因素後，激發人們的善心，進而有理由購賣檳榔，才是讓業績量爆衝的關鍵。

「貂蟬獻舞，衆將失守。」貂蟬在中國是衆所皆知的美女，在三國故事中，她的出現，引起了董卓跟呂布自相殘殺；換句話說，只要運用美女行銷，市場上，一定有人會失去理智消費產品，運用美女行銷，如果業績沒有提升，至少能吸引衆人目光，美女行銷要如何運用，才能事半功倍，提升業績呢？以下有幾個建議提供參考。

一、配合產品跟顧客群：廠商進行美女行銷，都直覺認爲，只要找美女就行。這樣其實風險很大，雖說美女人人愛看，吸引的年齡層也有所不同，最保險方法，就是根據產品特性跟主要客群，來挑選適合美女。例如：你的產品是鑽石、珠寶類，儘量避免找年齡太輕的模特兒，因爲年齡輕，直覺也代表社會經歷不足，面對高端消費者及產品，很難彼此相襯。

二、產品教育訓練一定要：消費者在逛展覽時，都會遇到類似情況，被美女吸引目光，然後看到興趣產品，接下來想詢問相關問題，現場人員卻一問三不知？這時人的購買興致就會降低許多。如果請美女代言或展示產品，基本功課一定要先做足，消費者才會覺得，代言人夠專業，方能提升對產品的好感度。

三、彼此要尊重，合作能長久：美女人人愛，很多人在請美女或是請模特兒代言展示產品時，會利用職務之便，對美女騷擾或有親密動作，雖然個人感受見人見智，畢竟一起工作，身體不經意碰觸在所難免，不過，若讓模特兒有不舒服的感覺就不行；台灣產業圈子其實很小，若廠商有負評傳出，以後要找代言人，眞的會找不到。

「貂蟬獻舞，衆將失守」——主要是強調「美女行銷」，這個行銷手法，效力能有多久，沒人敢保證。美女行銷我歸類成一種病毒行銷，什麼是病毒？就跟感冒一樣，流行一陣子，身體自然會痊癒，消費者就不稀奇了。再加上，每個人對美的定義不一樣，搞不好，今天這個代言人適合，換作是明天卻失敗了。美女行銷其實是一把雙面刃，要操作美女行銷前，一定要先做好完善的規劃跟準備。

TIP

美女帥哥人人愛，在請美女代言或是作行銷活動前，你是否有考慮到，你請的美女帥哥，本身對產品是否熟悉？對活動是否敬業？你需要的不是光只有美麗軀殼，卻沒有知識大腦的花瓶哦！

06 供其所欲，街頭相傳

提供消費者想要的內容及物品，就會有許多人口耳相傳（也是口碑行銷）。

在台灣從事網路行銷教學，聽我講座的學生，沒有破萬至少也上千了；很多學生來來去去，加上本人很不會認人(臉盲)，很多時候，都是學生來主動打招呼，我自己都忘了在哪裡看過這個學生，一開始還會覺得尷尬，時間久了，漸漸就沒放在心上；畢竟，每個人生活領域不一樣，要記住所有人，眞的很少有講師能辦得到。

在衆多講座中，有個女生讓我印象深刻，她來自大陸湖南，一下課就抓著我問許多問題，問的都是有關於網路行銷概念；我問她:「有打算從事這個領域的工作嗎？」她回答我:「爲了能照顧孩子，希望能從事微商代購，不知道老師有什麼建議嗎？」

我認眞的回應:「微商販賣的不是產品，而是信任，微商要成功，一定要有信任基礎。」

從前人們交易是以物易物，就是我拿一隻雞跟你換一隻鴨；這種原始交易型態，背後的基礎就是信任。隨著時代進步，有了貨幣產生，人們才用貨幣來計算商品的價值，有了貨幣後，再延伸出支票等金融工具；然而不管金融工具再怎麼演變，人跟人交易，還是建立在某種程度的信任基礎上。

有時候，行銷不用花太多預算，只要滿足消費者需求，有好的服務，消費者自然而然會幫忙宣傳，進而帶動產品大賣，這種行銷模式，在行銷學中，我們稱之爲口碑行銷。

日常生活中，有許多職業婦女兼職做團購，集合衆人力量，來購買大量商品，同時跟廠商進行談判，來爭取優惠折扣，就是類似這樣的案例。

那麼在網路時代中，要如何運用這些力量呢？首先，你要找尋正確的目標族群。隨著網路工具進步、網路技術的發達，現在大多數的台灣人手頭上都有許多 line 的群組，每個人或多或少都會有一些群組，這些群組若以目標及時間性來區分的話，大致可以分爲兩類。

一是爲了完成臨時目標而湊成，例如：上課的群組、臨時聚會的群組，這些群組有時會隨著目標完成而解散。

另外一種群組是屬於時間性比較長，而且有共同目標的，例如：家族的群組、公司的群組、一起團購的群組，這些成員是有共同的喜好和共同話題而組成，比較不容易解散，同時具有向心力。

若要讓你的產品可以在群組間廣為宣傳，最好的方法就是長期耕耘。在某個群組中，或者你自己本身就是群主，平時長期耕耘，多累積提高其他人的信任度，等到要宣傳銷售商品時，不用花太多廣告行銷費用，也可以將訊息廣為流傳。

如何在網路群體中廣為流傳你的商品呢？最重要的是，根據你的產品和特性，準確選定相關群組。如果你是賣兒童用品，卻在單身男性群體中發布商品，基本上不會有效果；所以，根據你的商品來選定消費者是很重要的，很多人都忽略了這點，因此業績一直都提升不起來。

行銷 4.0 之 5A 架構理論

那麼要如何才能讓消費群眾對我們的產品廣為宣傳呢？我們建議從《行銷 4.0》中提出的 5A 架構理論來著手，那就是認知（Aware）、訴求（Appeal）、詢問（Ask）、行動（Act）跟倡導（Advocate）。

圖表 6-1《行銷 4.0》之 5A 架構理論

認知（Aware0）：就是對顧客被動接收信息預做準備。廠商可以先從任何訊息管道或是傳播渠道散播產品訊息，讓顧客對產品有既定印象及認識。

訴求（Appeal）：增加顧客的品牌印象，等產品訊息散播完畢了，接下來就是增加顧客對品牌的印象，讓顧客一想到該產品就會聯想到這個品牌，主打消費者心目中對產品的訴求。例如：台灣全聯，每到了中元普渡，就主打「中元普渡來全聯，購買產品眞方便」的訴求，來提升消費者對全聯的品牌認知。

詢問（Ask）：是適度的引發顧客的好奇，讓顧客好奇感提昇，就可以讓顧客對我們的產品及品牌保持新鮮度，這樣顧客的依賴性就會提高。例如：台灣全聯到了中元普渡，都會製造一系列好兄弟廣告，適度引起台灣民衆好奇，有時，還會引起敏感話題，讓民衆對全聯品牌詢問度產生高度好奇。

行動（Act）：讓顧客參與互動，讓顧客參與一些互動的體驗，可以提高顧客的產品度，製造好感，讓顧客增加一些品牌的黏著度。在這個時候最好方法是可以給顧客一些利益跟好處，通常活動結束，顧客自然會幫我們宣傳。

倡導（Advocate）：就是讓顧客成爲品牌的傳教士，當顧客對我們的產品服務持續感到滿意，待顧客黏著度提高，自然而然的成爲我們產品代言人，不用教導任何宣傳，他自然會幫我們宣揚產品並廣告形象，這時候，顧客就像傳教士一般，能自發性的在街頭巷弄幫我們宣傳。

「供其所欲，街頭相傳」講得正是——廠商只要提供消費者想要的、解決消費者需求，消費者自然而然會爲我們在街頭巷尾宣傳，這就是行銷學中的口碑行銷，至於怎麼提供消費者想要的跟解決消費者需求，就是我們需求供應者需要去瞭解及動腦的地方。

TIP

有時候，想創造話題讓消費者流傳，是需要一些策略跟技巧的；當你推出新產品或服務，有沒有想過要用什麼方式，來製造一些話題，以提升消費者的好感？如何讓購買產品的消費者，對我們產生好感呢？

寧爲雞首，不爲牛尾

當你在產業多時，發現市場已成紅海，請試著再細分專項，讓自己成爲第一。與其痛苦做大衆市場的倒數，不如輕鬆做小衆市場的第一。

很多人在從事網路行銷的時候，都會有一個迷失，那就是他們都想要做到市場第一。但要達到市場第一名需要龐大的物力跟資源，而且需要長時間的累積，對於一般的廠商，短時間內根本無法做到市場第一。

第一名這個名詞好聽，可是相對的壓力也大，你必須面對後面無數競爭敵手的追趕，甚至攻擊，也要保持第一；往往，第一名不是我們想像得那麼輕鬆，尤其當產品是時刻大衆市場，要永遠佔據第一名，眞的要付出許多勞力跟資源。

同時，還得看廠商產品本身的條件，如果無法做到市場第一，此時我們都會奉勸：「與其你在大衆市場做倒數，爲什麼不在輕鬆的小衆市場做第一呢？」例如：如果要開便利商店，眼下已無法趕上7-11，倒不如換個想法，做寵物的便利商品，更容易變成產業第一。

這個觀念很多人都無法想通，因爲華人教育一直教導我們，要做大衆市場第一名，卻忽略了小衆市場的第一名，利潤也是很可觀的，與其你辛辛苦苦只能做到大衆市場倒數，倒不如在小衆市場中輕輕鬆鬆做產業第一。

前幾年台灣曾流行的藍海策略，。紅海是一堆人已擠破頭並且殺過頭的市場，若要在這個市場做到第一，勢必要付出龐大的代價；相對地，藍海就是一種小衆市場，這一條路沒別人走，你可能只需付出極少的資源，就可以做到市場第一。

找到自己的小衆市場

廠商要怎樣才能找到小衆市場呢？我們有下列幾個建議提供參考。

一、**找出市場的潛在需求**消費者的需求其實可以分兩種：一種是隱性需求，一種是顯性需求。顯性需求是可以明顯看得到的。例如情人節時男生買花送女朋友，這就是很明顯的需求，男生買花送女朋友，是希望維持一段感情的穩定成長。

其實男生想要的，就是跟女朋友步入結婚禮堂，這才是背後眞正的需求，又稱爲隱性需求，這是不容易察覺的，企業廠商應該是找出市場的潛在需求，解決消費者背後眞正想要的，這樣才能在小衆市場爭取利益。

二、大膽的嘗試想要在小衆市場拿第一，有時候要非常有勇氣；因爲要做別人沒有做過的事，甚至沒有想到的事，是一種勇敢嘗試。雖說在藍海市場你沒有競爭敵手，但換個角度想，也沒有經驗值可以參考，所以成功失敗，是種非常大的賭注。

三、建立護城河當你進入小衆市場成功之後，競爭者眼見有利可圖，一定會紛紛進入這個市場，緊接著你就成了人人追趕的第一名。爲了不讓別人追趕跨越，只有提高自己的核心能力。除了提高市場的進入門檻外，也要提升自己的核心競爭力，讓競爭對手永遠追趕不上。

如何切入新興市場？

當你在小衆市場佔據第一，並同時建立起自己的防火牆時，基本上，已經很少有人可以追上了，這是廠商要進入新的市場的方法。但是，面對市場上已經有強勢產品時，要怎麼運用自身既有的產品，來進入小衆市場呢？

我們會提供下列幾個工具，讓有產品的廠商可以切入小衆市場。

一、降低：有許多人認爲，重新開發小衆市場做第一，必須要花費許多行銷資源跟成本，但他們忘了，其實可以從生產成本著手。只要找出可以降低生產成本的方法，你的產品售價跟著也能降低，這樣就很容易在市場上做到第一。

只是這個方法在現今資訊透明的時代，執行的困難度頗高；因爲你找得到，大多數人就一定找得到；還有一個方法就是：從原物料下手！只要你找到價格更便宜，可以替代的原料，你的售價自然會降低。消費者自然而然的就會買單。

二、創造：這裡的創造不是指新的技術，不是新的產品，而是給消費者創造新的體驗，只有創造出新的體驗，消費者才會對你的品牌有印象，消費者新的體驗必須要從消費的整體流程中去找，這些流程有可能是客服、可能是銷售、可能是服務，在任何的流程中儘量提供消費者超乎期待的驚喜，消費者就會成爲你的忠實顧客。

三、消去：所謂消去，是將多餘的地方消失，這些可能是精簡服務流程，或任何其他的流程，只要能簡化的大多是多餘，這些多餘的流程往往會造成成本消耗，能避免就儘量避免，將資源集中在可以創造消費者驚喜的地方，以提高消費者的體驗滿意度。

四、提升：提升是將現有的技術或是服務的內容提升，這些提升方法及技術有時候是有形的，有時候是無形的，主要還是創造出消費者正面的深刻體驗。

例如：有些餐飲業的顧客意見表，只要你有填寫負面的意見，客服人員就會立即打電話，徵詢你用餐不愉快的經驗，並且提供下次改進的保證，同時邀請您再次光臨，這就是項服務流程提升最好的例子。

「寧爲雞首，不爲牛尾」——就是要找出自己的競爭優勢，運用有效資源，成爲小眾市場的領先者。這些都考驗著廠商對市場的敏銳度跟膽識，以及對未來的預測能力。要成爲小眾市場的領先者，需要花時間累積，好好尋找自己的優勢，避開眾多的競爭者，將爲企業廠商帶來豐厚的獲利空間。

TIP

思考一下，自己是否能找到特殊的小眾市場？好好經營小眾市場，如果能在小眾市場做到第一，其獲利空間及收入，不會比大眾市場差哦！

染擴於民，其在於毒

運用網路力量，將產品變成毒，讓人上癮，不用都不行。

很多人以爲，網路行銷是這幾年才開始流行；其實，在網路上有行銷的概念，從台灣流行網路技術開始（大約九〇年代）就有人開始在做了，那時，網路技術不怎麼發達，很多網頁使用者受限於技術，呈現出來的結果不像現在那麼豐富，讓網路行銷的概念在九〇年代比較不受重視。

但隨著網路技術進步，大家在網路上發展的行銷概念也越來越成熟，直到這幾年網路行銷的概念得以蓬勃發展；但相對的，網路行銷的技術與手法也越來越多，市面上也會有越來越多的技術教學，這都要感謝網路技術的成熟發展，才讓我們得以享受到這麼美好的網路成果。

然而，不論技術再怎麼變，行銷概念是永遠不變的。在網路上消費者的選擇太多了，這時要讓消費者產生產品忠誠度跟公司忠誠度，相對的，也變得比較困難；忠誠度的養成是非常重要的。

管理學中曾有一句知名的評論分析：「開發新客戶的成本是維護老客戶成本的三倍。」如果顧客忠誠度高，相對的我們的成本花費也就比較少。

換個概念來說，培養顧客忠誠度就等於是，讓顧客習慣於我們的產品，讓顧客一天不用就會覺得渾身不對勁，即使市場上有出現新的替代品，顧客有需要時會想到的仍是我們公司產品，不會因爲其他家公司產品便宜，就轉向其他公司。當顧客忠誠度高，就算公司的產品稍微貴一點，他們也願意買單。

「染擴於民，其在於毒。」——這點正說明了，要讓顧客接受我們的產品，習慣使用我們的產品，就如同毒品上癮一樣，讓顧客一碰就離不開身，養成習慣。只要不使用我們的產品，就會覺得渾身不對勁。當然這個假設的前提是，你的產品要有一定的品質。

只要產品或服務，有良好的品質，我們就可以透過行銷技巧，讓顧客愛上我們的產品，彷彿上癮一般，一經使用就愛不釋手。換句話說，這就是管理學上的顧客忠誠度，只要顧客忠誠度高，我們就不用擔心他離開我們。那到底該怎麼培養顧客忠誠度？我們可以從理性需求跟情感需求兩個層面來下手。

如何培養客戶忠誠度？

理性需求可以分爲：**問答求助**與**分享知識**兩方面。關於問答求助我們可以做的是，當顧客使用我們產品時，我們能建立專屬討論區，讓顧客一有問題，馬上就可以找到協助或解決方案，減少顧客的摸索期，降低顧客的使用障礙；這樣一來，顧客使用我們的產品，能獲得高度成就感，只要顧客使用產品一上手，顧客的忠誠度相對就會提高。

至於分享知識，我們可以在產品專屬討論區，運用一些行銷技巧，請使用過我們產品的顧客，分享他們的使用經驗或是使用產品的美好回憶，甚至是開箱文，讓顧客跟顧客之間建立分享群，以提高顧客對我們產品的忠誠度，讓顧客可相互分享使用經驗，進一步爲我們帶來新客戶群。

情感需求可分爲：**誇耀**跟同**溫層共鳴**。誇耀可以解釋爲提高客戶的成就感，當客戶實際使用我們的產品，其成效能讓他在親朋好友面前誇耀，顯示我們的產品可以提高他的生活品質，讓他在同儕間有種優越的成就感，顧客就會喜歡上我們的產品。相對的，我們的產品也可以藉由顧客炫耀來宣傳。

同溫層共鳴指的是：每一個人在生活中，都有熟悉的朋友圈，或是經常相處的人，當這群人形成一個團體，我們就稱這種有共識的團體叫同溫層。當顧客使用我們產品有良好體驗，若能在同溫層中宣傳分享，這些顧客彼此之間就會產生共鳴，藉這些共鳴來提高顧客對我們產品的認同感，讓顧客離不開我們的產品。

「染擴於民，其在於毒。」除了可以解釋爲提高客戶認同感外，也能從另一方面解釋爲：要讓我們的產品在群體間流傳，同時讓多數客戶接受，進而像毒品一樣，讓使用過的人都能對我們的產品上癮。然而，並不是每一個群體中的每個人，都可以接受相同的產品，因此在這個時候，選擇目標受衆就顯得特別重要。

TA（Target Audience）是目標受衆，這個概念在前面的章節，我們曾提過。簡單來說，就是選擇適合的目標消費族群。並不是所有人都適合使用我們的產品，每個人的背景跟宗教信仰都不一樣，要讓每個人都喜歡我們的產品，基本上是不太可能的；所以一開始目標受衆的選擇，就非常重要。

只要你自一開始就選擇了正確的目標受衆，你的產品宣傳就會比較快速成長，宣傳預算也可以大幅降低。例如：你的產品有豬肉成分，信仰宗教是回教的消費者，就不會是你的目標客戶，若在這個群體一直宣傳，基本上得到是反效果。所以，染擴於民，其在於毒，要讓毒品快速在民間流傳，一開始選擇的消費者群體是非常重要的。

染擴於民，其在於毒的「毒」，其正確解釋應該是消費者的忠誠度跟產品滿意度。只要廠商選擇正確的目標消費群，再同步針對消費者的理性跟情感需求，設定行銷策略善加佈局，提高消費者的忠誠度跟產品滿意度，一旦成功，你的消費者就成爲免費的宣傳個體了。

試想！若能達到消費者一停用你的產品或服務，就覺得渾身不對勁，或是一提到產品或服務，消費者就馬上聯想到你？如果能辦到這點，那就是你施毒成功啦！臉書、手遊皆是如此！。

09

網路行銷36計

術爲何高，點在於奇

講創新，要勝在出其不意，術指的則是權術；市場上，唯有不斷有新東西，才能吸引人注意。

筆者從事網路行銷多年覺得最好玩的，就是每年都有新技術、新產品出現，讓你一直學不完……今天你被叫做專家，明天如果不持續學習，就有可能變輸家，而被市場淘汰；所以，你若想從事網路行銷，要有一個心理準備，那就是——你必須不斷的學習。

新知識或新產品，有時並不是那麼容易出現，廠商也力圖每年推出新產品，來維持一定的市場佔有率。現在資訊透明，新產品一出現，明天競爭敵手就會推出類似的產品來競逐，唯有持續創新才能保持領先。這世界是很現實的，因爲大多數人都只記得第一名，很少有人會去記第二是誰。

新產品的研發不是件容易的事，畢竟現在各方技術都臻至成熟，要從創新的構想到產品成形，不是三天兩夜就能達成，廠商必須絞盡腦汁，才能推出新產品；就算有了新產品也並不一定是全然創新，有時候以更新優化的角度在功能上改良一下，針對消費者的痛點去開發，來解決消費者問題，這樣，對消費者來講就是一個完全可以接受的新產品。

「術爲何高，點在於奇。」這裡的「術」指的其實不是技術，而是指權術。技術再怎麼高超，這個市場上永遠有人比你更強，與其去追求創新的技術，倒不如應用原有的技術，來開發出新產品，讓消費者有新奇體驗。這裡的「奇」就是出其不意！在原有技術基礎上，創造出新產品，在市場上讓人產生出其不意的感覺，這樣你的產品就能讓人家記住。

大陸有一個 APP 叫做 TikTok 抖音，它的製作技術其實並不高，是款讓使用者將日常生活拍攝成影片分享到網路上讓衆人觀看的應用程式。大陸其實類似的平台有很多，但是大多數人還是使用抖音，因爲它除了直播之外，還具備一些遊戲任務似的行銷手法，讓使用者有目標、有目的拍片，推出不到一年就攻佔了大陸 70% 消費市場。

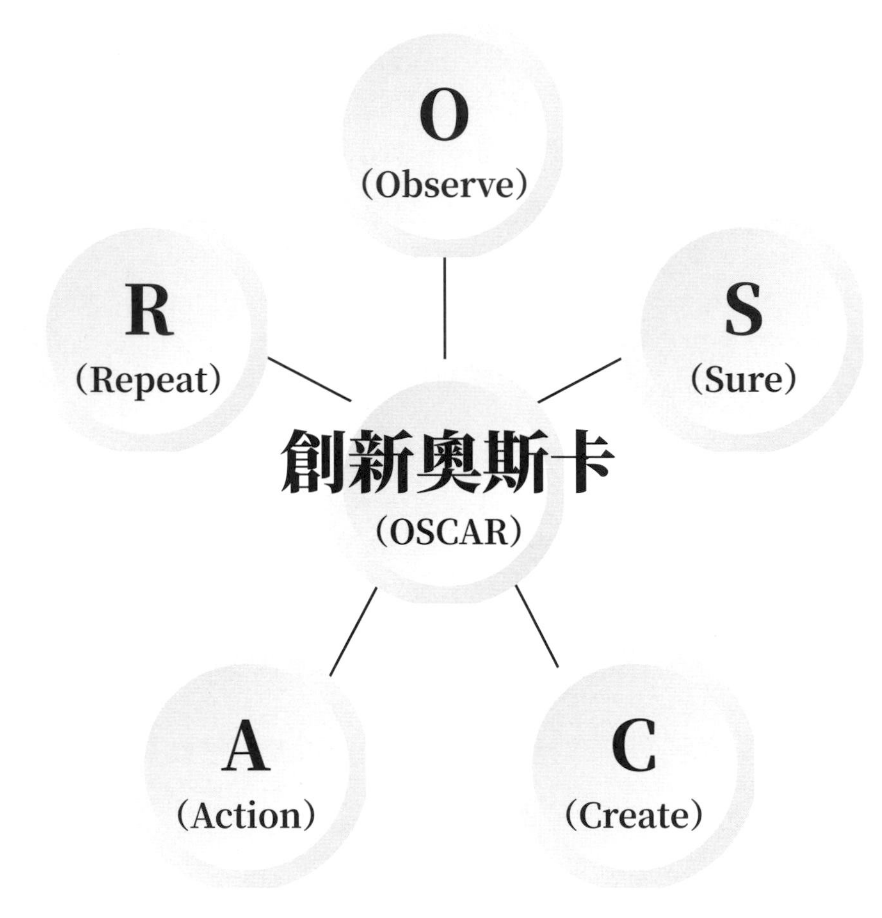

圖表 9-1 創新奧斯卡

獨門秘技「創新奧斯卡」

要如何出其不意的推出新產品？且推出的產品剛好能切中消費者需求，快速佔領市場份額？根據我們的經驗和資料彙整，歸納出有效的實作解決方案，我們稱之為「創新奧斯卡（OSCAR）」。幾乎所有創新的產品流程，都運用了這套方法獲得了成功。

O（Observe）：觀察。創新其實不用想得太難，有時候將產品功能修改一下，就能解決人類需求，這樣產品就可以快速地攻佔市場；然而，這就要靠你平時對日常生活的觀察，觀察在你周遭的生活中，有哪些流程或產品，造成了什麼消費者困擾？

再從這些困擾著消費者的流程產品中，提出適切的解決方案，徹底解決消費者的困擾，你的產品就能創造出出其不意的驚喜。

S（Sure）：確切。當你觀察到消費者困擾，記得找兩、三個朋友或工作夥伴討論，來確認這確實是消費者困擾的痛點。因爲每個人的視角，會受到自身知識跟環境限制產生盲點，多詢問幾個人的看法，從討論中產生不同的火花。這樣當你投入下個階段時，才不會做到一半卻突然發現徒勞無功，產生一些無謂的損失。

C（Create）：創造。等你確認了消費者的困擾所在，接下來就準備開始創造工具，這時你的工具結構，可能是個草圖或是設計圖，或只有一個流程圖而已；但這些都沒關係，基本上，此時尙屬實驗階段，等你確認圖稿眞正準備開始量產時，你就會發現，距離產品成形階段已經不遠了。

A（Action）：行動。這裡的行動指的是眞正動手去做。因爲有很多人在創造出樣品後，會發現其實離成品還有一段距離，此時，他們會開始懷疑自己，產品是否可以做得出來？有的人沒繼續堅持，在這個時候就放棄了。

所以，在行動階段千萬不能中途放棄，產品如果設計不好，就再改良，最終，必定能產出一個完美產品。

R（Repeat）：重覆。這裡的重複是指：隨時都要將上述步驟重新檢查一次，避免最後做出來的產品，離我們最初目標差距很大，與其到最後面做出來的成品差距太大，倒不如在每個流程中仔細檢查，這樣才不會造成太大的成本損失。

「創新奧斯卡」是我們提出的方法，這個方法可以套用在所有創新產品及流程。市面上，教導創新的方法跟流程有很多，大多是注重在技巧方面，很少有一套方法可以適用在全部流程上，但「創新奧斯卡」幾乎可以運用在大多數商品上，其中若需要更詳細的創新技術，則是依據不同的產品或產業別，客製化不同的創新技術。

「術爲何高，點在於奇」——重點在於出其不意，只要你的產品夠新奇，可以帶給消費者全新的體驗，產品基本上可以馬上攻佔市場，消費者也因爲獲得新體驗，而願意免費幫你宣傳，只要使用人數夠多，廠商獲利空間也會增加。

TIP

術爲何高，點在於奇，強調「奇」字。你有沒有辦法帶給消費者新奇感受？思考一下，如何能在腦中隨時充滿新奇點子？隨時能創造讓消費者感到新奇的體驗呢？

10 善佈樵椿，萬流歸宗

網路上凡走過必留下痕跡，然後再將這些痕跡串連起來，形成一個大的佈局。

進入網路行銷領域後，業界常邀請我去開辦相關講座，講座結束後，常常有學員來私下提問：「網路行銷是否真有那麼好賺？前幾年，經常看到有很多人拿東西到網路進行販售，很快能賺到人生第一桶金，然後再以免費名義，出來教大家相關觀念，讓更多人能賺取人生第一桶金……」

通常聽到這裡，我總是笑答：「以人性來看，這些人教了你賺錢觀念他自己就會少賺，如果是你，你願意這麼做嗎？」學員多半回答：「不會。」我答：「那就對啦！你自己都說不會了，憑什麼要讓對方免費教你？對方智商也不會比你低啊！」

多數人聽到這裡，反應分成兩類，一是回說：「對哦，這事不太可能……」就沒有探討下去；二則是當場爭辯：「會不會是對方佛心大發，想做善事，才出來開免費課程？」我聽到這樣的回答，頂多回應：「嗯，那你可以去試一下……」就沒下文了。

只要講演網路行銷主題，我都會強調一個觀念，那就是網路上「沒有速成，只有熟成」。什麼是熟成？就是你要有佈局，要有步驟跟規劃，要有耐心去累積網路聲量跟粉絲，等時間一到，訂單跟業績就會自然而來，不是單靠一場講座或課程，就可以創造大筆財富的。

網路行銷領域中，有一種派系，業界稱之爲「網賺派」，就是打著網路行銷的名號，宣傳靠網路行銷，可以賺入高額財富，讓你輕輕鬆鬆月入百萬……這種行銷手法，背後大多是傳直銷集團在操作；先用吸引人的標題，讓群衆接受，然後在講座上，開始運用行銷話術，讓群衆相信，只要有手機，就可以月入百萬等神話。

善佈樵樁，萬流歸宗，意思指的是：廠商在網路所有的活動，到最後，都會引流到自家網站或粉絲團中，這是屬網路行銷佈局的手法。何謂佈局？就是你在網路環境中，所有一切活動，都是精心設計安排，最終，這些活動的流量，都會導引到一個目的地，而那個目的地，必定是自家網站或所屬平台頁面。

在網路上，任何活動都要先經過思考，這樣才能將群衆慢慢引流到自家的網站，而不是妄想快速成功；網路行銷雖然可以讓你致富，不過那需要時間累積，不可能一、兩天，甚至一、兩個月就達成。那麼廠商要如何在網上佈局呢？我們有幾個步驟提供參考：

鎖定目標族群	根據不同消費習慣，鎖定主要族群
大量網路曝光	在不同平台上曝光資訊，建立專業形象
暗藏廠商資訊	文章末端，留下連絡方式
廠商主動宣傳	主動主擊，建立消費者信任感

圖表 10-1 廠商如何在網路上佈局？

廠商如何在網路上佈局？

一、鎖定目標族群：每一個產品，它的目標族群都不一樣，所以在網路佈局前，廠商要先思考，哪一類的目標群衆比較能接受自家產品，通常從這些群衆的思維模式下手，會是比較好的切入點。

二、大量網路曝光：當你鎖定目標族群之後，接下來就要考慮這些群衆經常出現在哪幾個網路平台，然後針對這些網路平台開始發表意見或貼文；例如你賣的是婦幼產品，最好找幾個婦幼產品論壇及平台，開始發佈相關文章或是協助他人解決問題，塑造你是這方面專家的形象。

三、暗藏資訊：當你在不同平台發表相關言論或網路文章時，可以在文章最後面，留下聯絡諮詢或是相關網址，讓消費群衆可以迅速聯絡到你，儘量從別的平台將流量引流到你的自家網站，只要消費者瀏覽到自家網站，成交的機率就會提升。

四、主動宣傳：當時機成熟，成功塑造自己成爲消費者覺得可靠、信賴的對象時，可以適時主動宣傳自家產品或網站，讓消費者得知你是經營者，不單單只是銷售賣產品，同時是能幫他們解決問題的專業顧問。

於此同時，廠商常會有疑問：要怎麼將人引流到自家網站？透過哪些平台可以成功將人引流到自家網站？我們可以用下面的圖表來解說，如何將不同網站的流量引流到自家網站。

如何將不同平台的網站流量引流到自家網站？

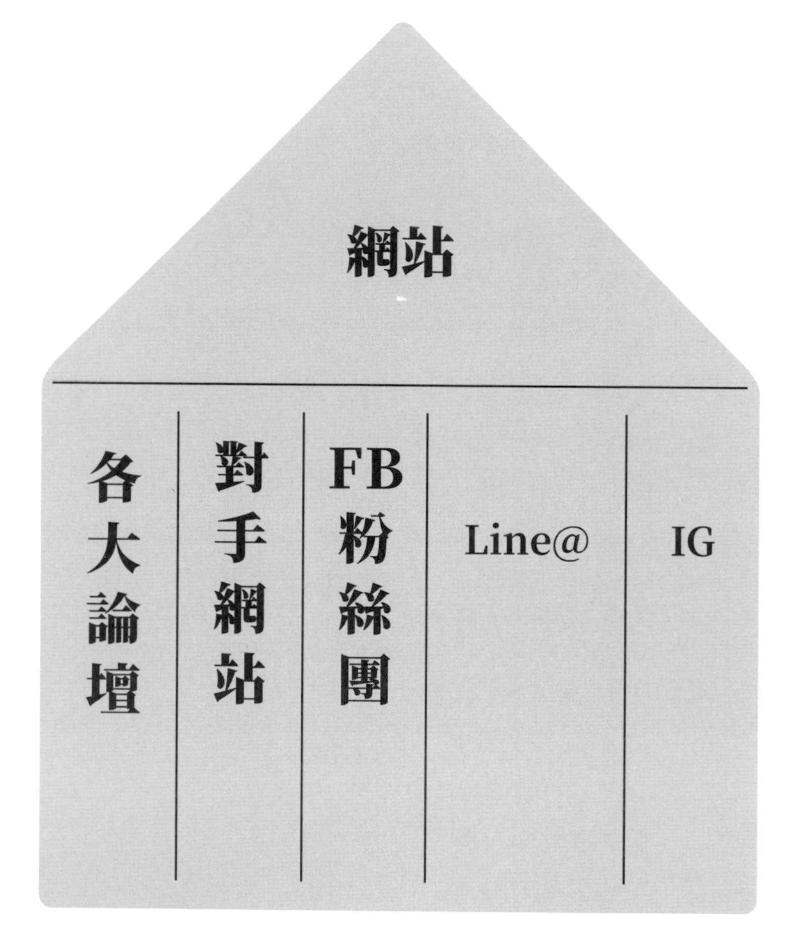

圖表 10-2 如何將不同平台的網站流量引流到自家網站？

各大論壇：每個論壇有每個論壇的屬性，各有不同。每個論壇都有其主要群眾，論壇上多半會有人提出問題，你則要開始針對這些問題提出解決方案。所以只要找對論壇，在上面發佈相關資訊、文章，時間久了，就會有群眾在 Google 上找到你的相關資訊；再搭配 SEO

搜尋引擎優化佈局，這樣就能讓消費者快速找到你。例如台灣著名的壇論 Mobile 01，就是能讓廠商快速營造專業形象的地方。

對手網站：觀察競爭對手的網站論壇，若有群衆在上面留下問題，儘量不著痕跡地提出解決方案，這樣除了能塑造自己的專業度，建立信賴感，同時逐步從對手網站論壇中，建立消費者對你的忠誠度；甚至觀察競爭對手網站，從中找出缺失，作爲自己網站的借鏡，讓消費者只要進了你的網站就無法離開。

Facebook 粉絲團：在台灣最被廣爲運用的就是 Facebook 粉絲團，幾乎每個台灣人都有 Facebook 帳號，所以粉絲團營運是非常重要的。廠商得善加規劃粉絲團，發佈不同文章及動態訊息，研究如何跟粉絲互動，這些如果規劃得好，爭取 Facebook 的粉絲流量也是不可輕忽的。

Line@：Line@ 是企業專用的 Line 商務帳號。憑著台灣 Line 用戶市占率高，廠商可評估企業的需求申請建立。Line@ 運營必須發布有用文章，少發廣告資訊，這樣才不會讓消費者感到反感。使用 Line@ 的最大好處就是能讓消費者跟廠商進行即時互動，只要消費者遇到問題可以馬上找得到人提供解決方案，就能有效建立消費者的忠誠度與信賴感。

Instagram（簡稱 IG）：Instagram 是台灣年輕人比較流行的社交軟體，是畫面爲主、文字爲輔，著重視覺效果的社群平台。要利用 IG 宣傳，必須使用清晰且吸引人的照片，才能達到吸睛的效果。當然，你也可以把 IG 當成展示平台，展現你的設計作品及照片，文章不宜過長，並在文末加上自家網站連結，來進行顧客導流。

「善佈樵椿，萬流歸宗」——描述的就是，不論你在網路上的任何管道、文章發言，均能將人引流到自家的網站，或是在別人的網站及論壇布椿，讓這些樁腳，散布在世界各處與自家網站串聯，讓導入的人流帶來金流，以增加自己網站的獲利。

TIP

在網路世界中，凡走過必留下痕跡。只要你會留言或發布文章，都有可能在日後成名發酵；換個角度想，若你打算進行網路行銷，是否已準備好相關的論壇伏筆及粉絲團規劃，來爲自己鋪路了呢？如果沒有，請趕快著手思考吧！

網路行銷36計

11 版圖之大，在於王志

要擴充事業版圖，企業領導人必須要先有遠景跟雄心壯志。

接觸網路行銷多年，筆者一直認爲網路行銷成效的好壞，關鍵在於人。市場上網路行銷工具雖然很多，但背後依然以人性爲依歸，因此不管網路行銷工具再怎麼厲害，一切還是要以行銷學作爲基礎，這樣在網路行銷領域才能做得長久。

若是從學校的學術體系接觸管理學與行銷學，學子念到企業領導人的使命跟願景，常視這些爲管理學上的理論，與現實生活距離遙遠，學了再多理論，幾乎都是背過就忘。

直到筆者浸淫網路行銷領域多年，近期越能體會企業領導人的使命跟願景，會深刻地影響企業的網路行銷與發展。

企業領導人須領導公司進行決策，同時，也需具備足夠的商業知識跟敏銳度，以決定公司的未來；若決策發展方向正確，企業就能蓬勃發展，但相對的，如果走錯了方向，企業甚至可能會面臨倒閉的命運。因此，身爲企業的領導人，壓力可是比員工大上千萬倍。

在組織發展的過程中，企業領導人懷抱的願景跟雄心壯志，直接左右了組織跟企業的發展規模；如果企業領導人過於保守守舊、缺乏使命遠景，當企業發展到一定規模時，就會停滯不前，以現今社會變動快速的環境而言，往往不進步就等於是退步了。

「版圖之大，在於王志」主要描述的是，企業組織或事業規模版圖要如何擴張，主要還是取決於企業領導人的願景。所謂雄心壯志並不是指組織規模一定要大，也不是非得要上市上櫃，而是有沒有在特定領域具備專精的技術稱王的能力，持續追求卓越，讓自己的企業不面臨被淘汰的命運。

那麼企業主到底該怎麼去定位企業的使命跟願景呢？換個角度思考，可以預想成怎麼去規劃適合自己的市場定位，讓自己的企業可以這個快速變動的環境下，站穩腳步不被淘汰，下列圖示可以作爲企業負責人訂定企業使命願景時作爲參考。

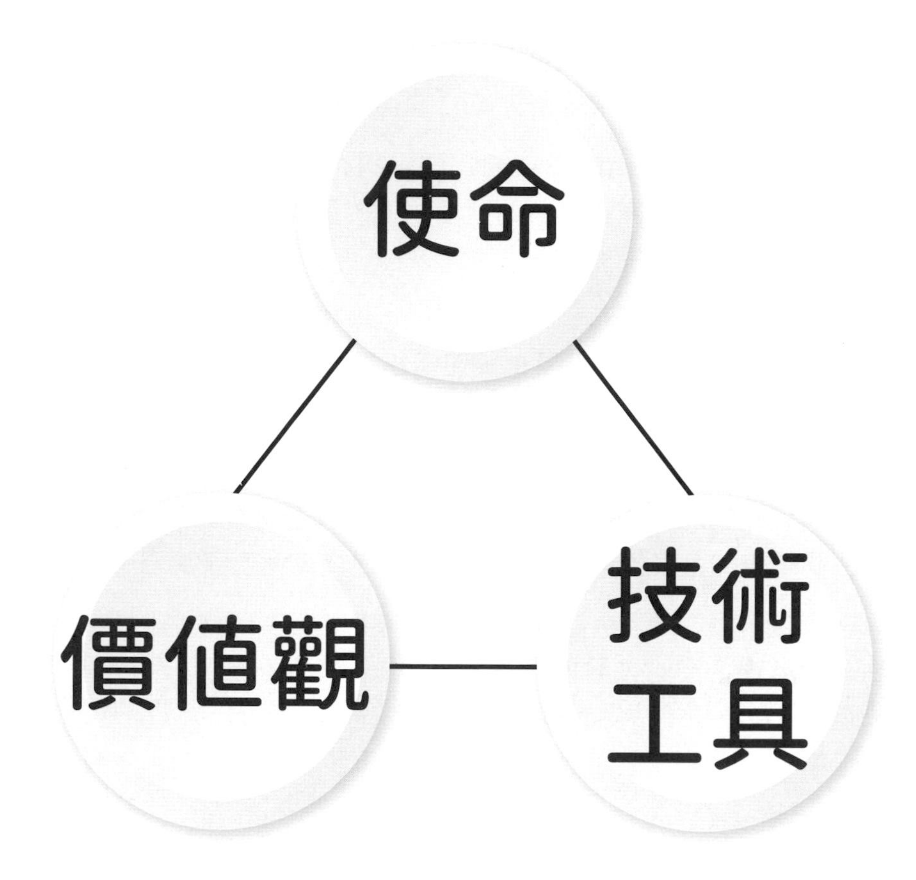

圖表 11-1 企業定位金三角

企業定位金三角

使命：這個名詞很抽象，很多人都搞不懂到底什麼是使命。坦白說，使命就是：你開公司到底爲了什麼？有些人是爲賺錢，有些人是爲了幫助殘疾人士，有些人則是迫於無奈、繼承家業等；企業領導人的使命愈清楚，未來當公司遭逢重大變化時，公司經營的方向才不致走偏。

價值觀：年輕時在學校學到價值觀這個名詞時，曾經滿頭霧水，不甚明白所謂企業的價值觀到底是什麼？待經過一段時日的社會化後，才驚覺原來企業的價值觀，就是企業主對事業決策的判斷標準。如果企業主的價值觀正確不偏頗，企業經營之路，才能走得長久。

技術工具：爲什麼技術工具跟使命願景有著密切的關連？如果你的使命是你目前技術無法實現的，我們稱這種願景爲癡人說夢，你的願景跟使命，必須是你有能力達成，而非空談夢想、無法實現的；遠大的夢想要有，不過要考慮現實面一步一步實現。

企業領導人的願景跟使命，除了方向正確外，也要配合正確的價值觀跟現有技術工具，一步一步去實現及落實，才能將事業版圖擴大，這樣在網路行銷快速變動的環境中，才能永續經營，不會被殘酷的現實擊潰。

企業價值認同層級

很多人會問？要擴大事業版圖，要有雄心壯志，也就是使命跟願景，那要怎麼去確定雄心壯志是可以實行的，不會淪爲癡人說夢呢？其實這是有步驟的！70 頁的圖表 11-2「企業價值認同層級」可以做爲企業領導人在訂定企業願景時的一個參考依據，避免讓理想變爲空談。

環境：企業領導人，要發展雄心壯志時，一定要觀察市場週遭環境是否有需求，這些都要靠企業領導人，長時間的觀察與直覺敏銳度，並研讀數據判定；如果你能嗅出未來市場變動，提前佈局安排，你的市場佔有率，就會比別人更加快速達標。

行爲：這裡的行爲，不是指個人行爲，而是指企業行爲及能力。說穿了，就是企業或你本身，是否有能力可以完成你的壯心雄志？若沒能力完成，一切都是空談而已。有人會問，如果考量之後，發現自己能力不足怎麼辦？這時候，你可以考慮將部分技術外包或尋求策略聯盟合作，不一定非得要等到企業自身有能力後，才來實現佈局。

圖表 11-2 企業價值認同層級

價值觀：前文提及，價值觀就是你判斷事情的標準。事情本身的好壞，完全是由人來判斷；如果你的目標願景，符合你的價值觀，那麼在執行上，就會比較順暢，如果不符合你的價值觀，只是爲了特定目的（例如金錢）而強制執行，往往會產生很大罪惡感，即便讓你完成了，也不會開心的。

自我認同：自我認同是建立在價值觀之上，如果志向願景符合你的價值觀，你的自我認同相對會比較高，推動方案也會比較心甘情願。有人會問，難道會有人肯去做價值觀不認同的事嗎？老實說，這種人在我們週遭常常出現。

舉例來說，有些人認同網路行銷應該從長計議，逐步推廣，需要時間醞釀，得以讓企業收穫市場的良好回饋；但卻無法拒絕業主卻只想速成，在網路上大撈一筆，爲了生活，也只能按業主要求，運用手段，以求達成業主目標，這就是所爲跟本身價值觀衝突的例子。

「版圖之大，在於王志」主要講述的是：企業領導人想要透過網路行銷，在市場佔有一席之地，甚至成爲領頭羊，首先，你要先有追求卓越的志向跟願景，這樣你才會思考，如何運用現有技術資源，來實踐目標，若沒有遠大志向，企業很快就會在市場的浪潮中消失。

當你決定踏入網路行銷領域，步入電商經營時，記得爲自己規劃一份時間表，讓自己能依循計劃軌跡前進，目標不要制定太小，免得太容易達成，讓自己喪失了鬥志。

當然，也不能制定自己能力所不及、異想天開的目標，那往往是最不切實際的。

網路行銷36計

12 荊州失守，遍野失火

網路上的負面消息，如果處理不好，將導致社會觀感超貶。

曾經有國外的報導指出，資訊透過網路傳播，其速度遠遠超過實體傳媒；由此可見，在網路時代，不論是好消息或壞消息，只要有心人使用一些網路行銷手法，網路傳播訊息傳遞速度之快，經常是超乎你我想像的。

有些炒作話題的手法，是透過負面資訊傳遞，這在行銷界中也是種常用的手法；但負面消息有時操作不當，會對產品或是當事人產生極大的影響，這些負面影響，甚至可能會讓產品或當事人身敗名裂。

影視圈常見負面訊息的炒作手法，如花邊新聞以及緋聞等，經由媒體的炒作，提高了某些藝人的知名度；這種作法常發生在你我生活週遭，屢見不鮮，當我們看到一些明星緋聞出現，網路上總有人懷疑，這是否又在炒知名度呢？

雖然負面訊息是行銷宣傳的操作手法之一，但愛惜羽毛者很少會採用，因爲這樣的操作，風險極大，一個不小心，將導致產品企業發生不可預測的結果，得不償失。我們要知道，多數的負面新聞風暴，都是從細小的批評聲浪開始的。

當企業留意到網路上有負面消息產生時，不管事件有多小，也要特別注意！星星之火，可以燎原。有時候一件極小的事件也有可能引發企業的身敗名裂……

筆者常在網路行銷專題演講時，遇到學生問我：「若遇到惡意攻擊，該怎麼辦？」我常開玩笑回答：「依台灣的媒體特性，你只要忍耐三天，惡意攻擊就會從台灣人的腦海中自動刪除、遺忘了。」學生聽完總是會心一笑；這當然是面對攻擊的因應方式之一，也是比較消極的方法。

當企業或產品有負面消息產生時，企業主們往往感到憤憤不平，尤其當負面消息是不實言論時，很容易於第一時間喪失理智，在網路上爭論辯白、試圖解釋，浪費了大量精力，處理負面評價，在網路上跟人筆戰，這其實是傷神又傷心的。

面對網路負面消息該如何因應？

如果遇到負面消息時，企業該怎麼辦呢？我們可以參考下圖相應的步驟作爲，讓企業未來在面對莫名負面訊息時，可以更快速的解決問題：

冷靜分析	★遇事不慌，冷靜判斷 ★分析對錯，冷靜出擊
小心求證	★收集證據，大膽應對 ★主動出擊，設立停損
主動回應	★溫和道歉，虛心接受 ★網路回應，事不過三

圖表 12-1 面對負面消息時該怎麼辦？

第一、冷靜分析人在江湖，哪有不挨刀的？出來混，總有一天是要還的。即使你不招惹別人，但當你名聲到達一定程度，競爭敵手爲了生存，也有可能會主動攻擊你。所以在網路上如果有遇到負面消息，一定要先冷靜分析，分析什麼？分析負面消息所言是否屬實？

我會這麼說，是因爲企業經營，從官方的角度或多或少會存在盲點，這些盲點，有時業者本身看不到，必須經由他人的視角才能清楚；大多數人，一聽到負面消息時就先慌張，不知道傳言是真是假，就被打亂了企業經營步驟。

遇到負面消息的時候，一定要冷靜分析！如果不幸，這個負面消息真的屬實，我們就只能大方承認並且公開道歉，並想出解決方案。如果是刻意造謠，我們就要收集證據並且公開指證，說明此為造謠，建立消費者信心。

第二點、小心求證企業經營不可能百分之百完善，或多或少仍有缺失存在，很多缺點我們可能未能注意到，如果遇到負面消息時，必須收集相關證據並且發展出未來的改善方案；如果這個負面消息真的對企業有極大的影響，企業就要考慮設立停損點。

第三點、主動回應如果遇到蓄意造謠，首先，大方公告說明謠言不是事實；如果負面訊息是確實存在的極小錯誤，不致嚴重影響企業發展方向跟聲譽，請大方承認錯誤，虛心接受指正，同時安撫客戶情緒，婉言慰問，例如：請多多指教、我們會再改進等。

網路世界中，什麼人都有，一定會有少部份人，藉此想引人注目，這些人不會放過這個吸引衆人目光的機會；所以只要發現這個負面消息不實，馬上跟對手回應，回應次數，不超過三回，以節省時間，將精力放在更重要的人事物上。

「荊州失守，遍野失火」主要是在講述：負面消息，如果不好好處理的話，將會引起社會的不良觀感，這些觀感可能超乎你預期， 如果處理不當，事態的發展可能跟預期的完全不一樣。

近年來台灣某航空公司空服員罷工的例子，就是最好的案例。原本訴求是員工要爭取福利，卻因網路風向跟預期發展完全不一樣，導致事件最後，整個社會對這次罷工觀感不佳，被視為是空服員無理取鬧、蓄意罷工，造成社會莫大損失，結果原定爭取的員工福利，無寂而終，這跟工會當初預期的結果，完全不同。

TIP

請自我檢視，若你的公司尚未擬定因應負面新聞產生的緊急應對流程，請亡羊補牢，爲可能的風險預做準備，制定相關因應對策；切記！負面新聞如果處理不當，後果可是不容小覷！

13

網路行銷36計

赤壁一戰，決勝在謀

所有成敗都操之在權謀計算上，你無須樣樣精通，但要懂謀略，扮演顧客的軍師，適時提供問題解決方案。

歷史上軍師一職，就是朝廷的智囊，在軍中擔任謀劃的角色，用現代的方式來說，類似是參謀的職位；對照到商場，則類似企業的決策顧問或專業經理人，以協助企業規劃具體方案及未來走向，當企業遇到問題時，能憑藉自身經驗及知識，適時爲企業提供問題解決方案。

華夏文化史上最知名的軍師，莫過於三國時代的諸葛孔明，他的事蹟，經後人傳頌宣揚，讓諸葛孔明儼然成爲軍師代表，他預測未來（借東風），善用資源，運用計謀，演出歷史聞名的空城計，爲後世許多人爭相崇拜的神話。

三國時代，群雄爭霸，其中最有名的就屬赤壁之戰，在這場戰役中，孔明善用計謀，使出「草船借箭」、「借東風」等膾炙人口的妙計，記載中描述，孔明跟周瑜因善用天氣因素跟本身資源，演出火燒連環船跟棒打黃蓋等計謀，讓曹操大軍在赤壁之戰中，原可憑藉人數優勢打勝仗，沒想到最後卻鎩羽而歸。

軍師的故事聽來，很有傳奇色彩，也讓許多人心神嚮往，想像自己有如身在古代的軍師，可以號召千軍萬馬，運籌帷幄於千里之外，可以神機妙算，步步爲營，將敵人逼入死境，輕鬆智取敵軍首級於談笑之間。

這然而這些軍師神話，現只能存在人們的想像中。你也許會質疑，軍師身份跟網路行銷有什麼關係？很多人經常問我：「想做網路行銷是不是要懂很多技術、要會很多軟體，才能把網路行銷做得好？」

我常笑答：「網路行銷，技術只能幫你加分，可以慢慢學習，但要在網路行銷領域生存下去，最重要的是要有成爲軍師的態度。」

很多人一聽到這個答案，瞬間浮出滿頭問號；網路行銷不重視技術，反而要重視軍師態度？到底什麼是軍師態度？所謂的軍師態度可以從下圖做爲參考答案：

軍師 vs 行銷

圖表 13-1 軍師的態度

兵(兵法): 古代兵法主要強調的是戰場出兵致勝的方法，在現代，則可以解釋成科學、哲學及技術等手法；要在網路行銷領域存活下去，你一定得跟上時代進步，隨時學習最新的知識與觀念。

在網路時代，不論過去輝煌戰績，只有在未來創造業績才是重點，任何火紅的技術，隨時都可能被淘汰；因此，只有好好學習新知識，才能在未來的網路時代，好好生存下去。

法(法術): 這裡法術不是指怪力亂神之術，而且要懂得判斷局勢，掌握運籌之術。以現在來講，就是掌握物流及情報資訊的能力，對於多數人而言，網路行銷最終還是要販賣商品，你賣商品，一定要有人送貨，尤其是國際物流，誰能掌握最便宜、最先進的物流資訊，誰就能從中獲利。

勢(趨勢)：身爲網路行銷人員，要學會觀察趨勢，並判斷趨勢走向。有人會問，爲什麼連國際趨勢都要觀察？因爲網路無國界，隨時隨地都會影響到你，如果你單做台灣生意，也得要注意國外網上的流行趨勢，在國外會流行，早晚會流行到台灣來，著名的社交軟體 Instagram(IG)就是最好的例子。

或許有人會質疑，難道從事網路行銷，一定要搞得這麼複雜嗎？這端看你的角色而定。你如果只是單純販賣商品，確實可以不用深入太多，好好發揮你使用平台的優勢及產品研發，因爲這才是你的生財之道，上述提到的三個方向，你可以不用懂得太複雜。

但如果你將自身定位爲網路行銷顧問，除了利用購物平台現有的優勢外，國內外局勢及物流專業，你一定要挑一樣專精，因爲未來是地球村概念，要成爲網路顧問，勢必有不同產業的人前來諮詢，要能根據不同產業問題，分別給予適當的解決方案，才能在網路行銷領域生存下去。

現在是個資訊爆炸的時代，誰能掌握最完整的資訊，就能掌握最有效的情報。在現代，要做一個優良軍師，除了能掌握最多，你也可以運用這些情報，好好爲雇主提供情報資訊的串聯。

例如你的業主現在缺乏物流方面的資訊，而你手上又剛好握有大量的物流資訊，就可以從中挑出適合的物流資訊提供給業主，從中抽取合理利潤，讓雙方達到雙贏的結果。

從事網路行銷，只要你能掌握大量資訊，透過專業的媒合，其，獲利也是很可觀的。如何適當運用手頭持有的資源來重組推薦給適合的客戶，這就考驗你的本事。或許只需換個角度思考，你不用懂太多的技術或行銷技巧，可以扮演稱職的資訊平台，只要有人遇到問題，就會馬上聯想到你，並提供迅速、適當且優良的解決方案，讓業主滿意，這就是另外一條生財之道。

TIP

做爲一個行銷人，要習慣性去觀察社會趨勢。你有沒有常常去觀察消費者習性跟購買行爲？有沒有定期留意相關產業的流行趨勢？若想知道網路流行什麼，用什麼工具，可以快速查到？這些都是網路行銷人要考量的哦！

14

網路行銷36計

山形於勢，氣集凝聚

山之所高，在於氣勢，氣集代表凝聚氣息，當形勢比人強，再運用操作話題等行銷技巧，氣息就比人強，此時，就可以達成任何目標。

2019年3月，爲了更瞭解台灣，我一個人騎車開始了環島之旅，也許有人會問？一個人環島，有什麼好玩的？我也說不上來，有些時候，一個人環島眞的很悶，因爲一個人騎機車，沒人跟你說話，路上唯一有的聲音，只有音樂跟Google導航指示；整路上，眞的只能跟自己對話。

獨自一人的環島之旅，或許沒有獲得什麼實質利益；不過，跟自己對話，獲得的卻是不少平日不會有的想法跟看法，提起這段經歷，不是要鼓勵各位沒事去環島，而是人常常在變動速的速環境下，或多或少感到厭倦疲乏，不論用任何方式，常跟自己對話，或許是心靈獲得沉澱的最佳方式。

在環島的路上，途經蘇花公路，人生第一次騎摩托車到蘇花公路，延途看著美景，高山聳立、大海遼闊，心想當年建造這條公路的民衆，是花費了多少心血才能達成？不得不衷心感佩，也驚嘆造物主的神奇！竟能有這麼雄偉的高山，氣勢磅礴的大海！心裡有些想法被觸動了，可是卻表達不出來，總覺得還缺少了什麼？

環島到了台北，順道跟朋友討論網路行銷問題，他問我「要如何才能聚集人氣，形成一股潮流」時，我突然心有所悟，分享了今天去蘇花公路看到的景色跟感動，之後，我跟他聊到一些網路行銷如何聚集人氣的看法，希望對他有所幫助。

我說：「高山之所以雄偉，是從平地而起，大海之所以磅礴，是從小溪匯流；要聚集人氣成爲潮流，除了花錢，請臨時演員外（政治場合常用），另一個，就從小地方開始做起。

請根據你的產業或產品屬性，平時就在網上積極協助客戶解決問題，即使再小的問題，只要用心對待，客戶口耳相傳，時間一久，自然會對你的服務產生忠誠度。

如何匯聚網路人氣？

朋友又問，若我要經營粉絲團或是顧客關係管理，除了在網上，平時解決客戶小問題外，有沒有什麼更具體的做法，不透過天天等客戶發生問題，有能更加聚集人氣方法？

我思考了一下，以下分享幾點建議，順便把那天的心得寫成具體方法，分享給大家：

一、建立專業，敢承諾這點是在網路上，任何平台或粉絲團，聚集人氣最重要的一點。建立專業度有很多種方法，例如：寫文章、出書、畫插畫、直播等，這些都能一點一滴累積建立你的專業度，讓顧客對你產生認同。

勇於承諾則是在能力範圍內，盡可能解決客戶問題，其廣義解釋包含運用個人影響力，幫客戶要求折扣，或是以線上直播跟開課的方式，來解決客戶問題，這是讓客戶對你建立信任的基礎。

至於收不收費則是看你個人標準，畢竟，這取決於每個人能力多寡，在一定能力範圍內，解決客戶問題，是聚集人氣的首要目標。

二、展現熱情與執著有人會問，爲什麼要在網路上，展現熱情與執著？大多數的人，都喜歡跟正能量靠近，爲什麼？跟充滿正能量的人相處，會讓自己覺得充滿活力跟希望（這就是心靈雞湯跟勵志文會一直流傳的原因）。

當人們失去信心時，會想看正向積極的文章來激勵自己，當人們積極向上時，不喜歡看負面文章，會擔心影響他們的正向心態。

在網路世界裡，人跟人相識，多半透過鍵盤跟文字，只要展現出熱情跟執著，大腦就會投射出這個人正向積極的溫暖形象，好感度也會提昇許多，當好感累積到一定程度後，這對網路群衆的凝聚力，也會大大提昇。

三、以身作則網路上，大家都是素未謀面，除非有特殊狀況，要聚集人氣形成一股趨勢，必須要長時間培養，要讓許多人認同，在網路上除了平日維持網路形象外，其日常生活，也儘量別偏離網路形象太多，在這個全民是狗仔的時代，如果實際與網路形象大不符，多半會漏餡，也可能被流傳於網路世界。

這麼說，不就連自己的私生活都沒有了？筆者指的以身作則是個人不作姦犯科，不違法、不違背倫常；普羅大眾人人都有缺點，小事多數人都會選擇遺忘。企業要凝聚人氣，針對企業發文類型，保持專業，維持穩定水準，只要不偏差太多，就會有忠實粉絲出現了。

「山形於勢，氣集凝聚」強調人氣聚集，只要有人氣，就能形成風潮，帶領潮流，進行商業活動從中獲利。網路時代，只要操作得當，有時，帶風向也能改變一些政策，2014 年台灣曾發生太陽花學運，就是很好的例子，年輕學子運用網路跟媒體的力量，進行大規模抗議，攻佔立法院，影響政策發展。

太陽花學運的是非我們留予歷史評斷，然而單從現今的角度來看，此一運動確實是運用了網路跟媒體的力量，聚集一股氣勢，成功改變了政策的實際案例；所以，千萬不可小看網路對現實生活的影響力啊！

TIP

要在網路上聚集氣勢，除了搭配話題外，平常的功夫也要做足，任何微小的動作，例如：發文章，解決別人問題及媒體運用等，這些都有助於聚集氣勢。好好思考，你要在網路上扮演什麼角色？哪天登高一呼時，可有萬人響應？

網路行銷36計

15

與狼共舞，集於一身

借名人（甚至是競爭對手）的知名人氣，運用網路行銷技巧，藉以拉抬自身名氣。

在網路上很多時候，你必須要先有名才能帶來利益，這是不變的道理。名氣本身可以帶來利益，若你能在網上好好經營自己的名聲，相對將獲得對應的獲利及報酬，在網路行銷上很流行一句話：「你要有獲利，必須要先有名氣。」

難道一定要這麼現實嗎？一定要先有名氣才可以帶來利益嗎？我只能說，這確實是獲利之中一個相對快速的方法，如果你有了名氣，就能引人注意，當你有固定粉絲，或是忠實擁護者，你就會引人注目，當你引人注目的時候，廣告代言就會找上你。

名氣有分好名氣跟壞名氣，本身其實沒有對錯，主要看你的目標是什麼，有時候運用一些網路行銷操作的技巧，讓一些聽起來不是那麼善良的名稱，來引人注目，進而達到你的操作目的，也是有的；只要不作奸犯科，基本上這些都是吸引眼球的做法。

運用網路行銷手法，主動「論邪使壞」最著名的例子，就在 NLP 腦神經語言學領域中，有位從馬來西亞來台的導師，他一開始運用的行銷手法就是先出書，然而書名與網站設計的用詞卻違背了我們的正常思維。

以著作用詞亦正亦邪的「壞壞」定位，使用了「奸的好人」、「自詡爲教主」、「勾魂、奪心、洗腦、催眠」等字眼，從文字上運用 NLP 腦神經語言學技巧，教導將客戶催眠而達到銷售目標的說法，讓社會大衆對這些書的內容先產生好奇，當消費者對這些書產生興趣之後，自然而然就會對 NLP 這門腦神經語言科學產生興趣。

當消費者對 NLP 腦神經語言學這門科學產生興趣後，再運用一些文案撰寫的技巧及招生的宣傳，吸引對這些 NLP 腦神經語言學技巧有興趣的消費群衆，在台灣進行授課，達到他開班授課的目的，他利用獨特吸睛的網路行銷手法，獲得了成功。

網路名氣有壞的，也一定會有好的。網路行銷的成名方式很多，要如何運用知名人物的好名氣，配合一些網路行銷手法，來拉抬自身名氣，其實有方法的，只是這些方法，無法短時間速成，通常知名度高的人，本身也知道，他的名氣代表一定的信任度。

沾名人的光

知名人士深知自己名氣的影響力，不會輕易爲人背書，也會愈保護自己，所以，想沾這些知名人物的光，自己有要心理準備，經營時間一定要拉長，這些方法不可能短期促成；儘管短期見效的方法也有，不過，成效通常很短，下面我就分享一些方法，讓想要拉抬自己名望的讀者，做爲參考。

一、選定目標：你如果要搭別人名氣的順風車，請先選定一個目標人物，選定後，當然不是去跟蹤他啦！而是開始研究這位名人是否有出書，如果有，請開始閱讀，從瞭解他開始，以瞭解他做爲起點，從書上、網上，知道這個人的喜好，日後你們若有機會碰面，才會有共同話題，對方才容易馬上對你有印象。

二、建立信任：知名人物之所以出名，往往曾經努力過、奮鬥過（這裡指的是有好名氣的人），他們不會平白無故讓你利用他的名氣，爲你背書，想沾知名人物的光，自己要先拿出誠意及行動，建立相當的信任感，不要隨便在網路上，炫耀自己跟某某名人很熟，最後，自己可能也要負擔法律責任。

三、大量曝光：選定你追逐的知名人士舉辦公開演講或公開課程時出現，請務必跟上，每場活動都出席，求的是讓對方對你有印象，並將這些經歷，儘量以網站、部落格公開紀錄。在網路上紀錄，除了讓自己留念外，當他人搜尋名人活動時，你所發表的文章被搜尋到的機率也會提高，相對的，你的網路名氣與聲量也會順勢被拉抬，跟著水漲船高。

四、建立互動：最好在公開演講等場合，儘量與名人建立良性的互動，例如：公開演講後，可以發表提問，或是親自跟對方請益今天的演講內容，分享哪些是你覺得受用的地方，如果他有出書，你也可以以粉絲身分請他簽書，互動之間應保持尊重，不要讓對方產生不良印象，也可以透過網路電子郵件，與對方書信往來，以增加良好印象。

五、網上紀錄：儘量將你與知名人物的互動，在網上記錄、保存，並運用標題及關鍵字，讓搜尋引擎易於搜尋到；如此這般，只要別人在網路上搜名人相關資料時，你的網站跟網頁，相對也會曝光，利用人人都有的好奇心，只要有人點入你的網頁觀看，你的網路曝光度，也會跟著提高。

「與狼共舞，集於一身」運用的是名人的知名度，來提高自己的曝光量，我們介紹的是與名人正向互動的方式，當然，也有快速且暗黑的手法，這些不外乎是：公開評論、寫信謾罵、在網站或粉絲團發表爭議性言論……有些人慣用攻擊政治人物的方式，來提高自己知名度，尤其對環境或政治議題放大聲量炒作，這招在台灣總是有效。

行銷本身沒有對錯，會有這些行為，端看你的行銷目的是什麼。如果你採取謾罵或暗黑手法，可能迅速一舉爆紅，可是，消失的也快，你吸引的群衆，大部份也是因為謾罵而來的，當有一天，你不再罵了，群衆也會迅速消散。切記，暗黑的行銷手法，要謹慎視情況使用啊！

TIP

你有想好要運用何種手法來增進自身名望嗎？除了搭順風車外，你也可以將部份競爭敵手聚集起來，成爲合作夥伴，變成一股力量，在產業界佔有一席之地；行銷的方法有很多種，就看你如何去運用囉！

16

網路行銷36計

草船借箭，網船借銀

預測未來趨勢，成立網站跟網域，建立網路護城河，銀子自然會進來。

為自己建立網站的基本，就是網域名稱（Domain name）。很多時候，如果你有個好的網域名稱，在網路上通行要領先別人就容易許多，在未來規劃行銷方案時，也更加有利。通常好的網域名稱有三個特性。

網域好名稱

一、好記在這個數位時代，資訊爆炸，只要你網域名稱取得好，能讓人耳目一新，而且好記，這樣的網域名稱會讓許多人印象深刻，對企業形象也是加分效果。

二、簡單很多人在輸入網頁的時候，遇到太複雜的網域名稱，在輸入時會覺得很麻煩，一不小心就會輸入錯誤，謹記！太長的網域會造成使用者困擾，也因此才會有短網址的出現，短網址基本上就是設計用來取代複雜網域名稱的。

如此一來，可以讓大家在輸入網域網址時，不會因為要輸入一連串複雜的英文字母，而感到心煩意亂；同時，短網址的出現，也讓使用用者在視覺上，比較賞心悅目。

三、有用很多人都認為取網域名稱，只要隨便取一取就好？殊不知好的網域名稱，會給企業帶來多少無形的效益！這個效益雖然在帳面價值看不到，但它屬於商譽的一部份，一個有用的網域名稱，無形之中會對企業會帶來加分的效果。

既然網域名稱很重要，但為何在台灣市場，你我週遭好像很少有人討論這個話題？根據我多年觀察，主要原因有三：

一、台灣網路行銷觀念，是近幾年才開始普及於民衆認知，除非是相關網路業專業人士，不然，大多數台灣民衆對網域還是相當陌生，相對的，對網域名稱也不會有多大重視。

二、網路技術的發源地是美國，原本為二次世界大戰時美軍運用在軍事通訊上的技術，當二次世界大戰結束後，網路的相關研究人員，才將技術帶向民間，並且隨著近十年來，網路技術有相當的進步，變得普及，才會漸漸影響到你我生活。

網路是國外的技術，台灣民衆要切入，有著一定的技術門檻，網域名稱並不是只要單純註冊即可，這中間包含了許多重要資訊，例如：你的註冊網路名稱，有沒有名氣效益，是否值得長期投資；要知道，其實大多數網域名稱即便註冊了還是會失敗的。

三、因爲台灣人通用的是華語語系，華語語言結構跟英語比相比複雜許多，礙於語言限制，網路上註冊名稱，大多數以英文爲準，英文甚少有一字多意等複雜讀法，相對來說，英文網域名稱比較好操作，故台灣對網域名稱的操作跟討論，相對比例是少的。

有人也會因此產生疑問，既然好的網域名稱有獲利空間，那麼網路上是否有人專門透過操作網域名稱獲利？答案是有的！網路上，有些人採取專門註冊與名牌相似的網域名稱，或是註冊知名人物姓名的網域名稱，進而獲取暴利的手法，而運用這些手法獲利的人，網上也有專門的術語，我們稱之爲「網路蟑螂（cybersquatter）」。

網路蟑螂大致可以定義爲：搶先一步將知名企業或人名商標註冊成爲網域名稱，然後再用高價販賣給企業或名人，藉此賺取暴利。說明白一點，就是我先註冊你家的網域名稱，接下來，我再拉高價錢賣給你，你不買，我就在這個網域名稱內放入惡搞內容，讓你的形象受損。

有人會質疑這合法嗎？不幸的是，這一切都合法，網域名稱本來就是誰先註冊，就先擁有歸屬權。在商業世界裡，本來就存在模糊地帶，這些手段，全都合法而且能獲取高額利潤；著名的例子有：名歌手瑪丹娜的名字，被色情網站搶先登記網域名稱，爲了維護形象，瑪丹娜只能花高額的金錢，向色情網站業者，購回網域名稱。

網域名稱是屬於誰先登記，所有權就歸於誰，這個規定未來改變的機率不大，我們可以運用這個特性，好好運用網路行銷的布局，搶先一步註冊網域名稱，讓企業的相關網域名稱，在進行網路行銷規劃時同步進行，以利企業在網路上，可以獲取利額。

網域名稱佈局

那要如何運用網域名稱來進行佈局呢？可以由以下幾點經驗做爲參考：

一、註冊相似有關網域名如果行銷預算夠，擴大註冊你所需要的網域名稱，這件事非常重要！因爲這個動作，能預防未來網路蟑螂惡意註冊與你相似的網域名稱，也有利於網路 SEO 的發展。例如：你爲客戶製作高雄保險的網站，你的網域名稱可以設定爲 KaohsiungInsurance 外，也可以將 Kaohsiung-Insurance 等相關網域名稱註冊起來，並將這些相關域名稱設定成同一網站內容，這樣一來，消費者不論在任何情況下，都無法離開你的網站。

二、預測熟悉產業未來的網路名稱爲什麼要預測產業內的網路名稱？因爲當你在同一產業待久後，會產生經驗，當經驗累積久了，多半就能產生直覺，預測可能發生的趨勢。

例如：你經營食品進出口業，在 2021 年突然發現，未來五年內，高雄伴手禮市場會產生熱烈反應，你就可以先註冊「2021 高雄伴手禮」，或「2022 高雄伴手禮」等相關中文網名，未來五年，只要高雄市政府推動伴手禮相關活動，必定會有人來跟你談合作方案。

「草船借箭，網船借銀」——主要大意講述，可以善加利用網域名稱誰搶先登記所有權就歸誰的特性，來佈局網域名稱，這中間多少有點賭運氣的成份，畢竟你做的是在預測未來趨勢，不論是同時分別註冊多個網域名稱，或是註冊多個網域名稱，且將這些網域指向在同一個網站內容。

這些都是運用網路特性，來讓自己企業獲利的方法，與其你只註冊一個網域名稱，在那裡傻等消費者進入網站，倒不如，花少許成本，運用網路特性，建立自己的網域船隊，讓網域船隊自動送錢上門，這樣的獲利空間會提高許多。

網路上，善用網域名稱，可以有相當大的獲利空間。你是否曾思考台灣還有哪些網域名稱尚未被開發？或是，你可以運用哪些工具來預測台灣未來會流行的網域名稱？只要好好掌握網域名稱，也是個能吸引許多流量的方法。

17 虛實合一，百戰百勝

網路行銷不能只靠網路接單，最好虛實整合，結合實體店面，是最好的結合。

網路是個很神奇的地方，根據最早的歷史記載，網路一開始是使用於在戰爭上，到了九〇年代，網路才開始使用於民間；當時的網路技術並不發達，大多用於傳遞文字資訊，音樂跟圖片由於容量太大，當時的技術並不支援，到了千禧年（西元 2000 年）過後，網路頻寬技術發展快速，慢慢改變人們的生活型態。

早期網路尚未發達時，要在台灣市場網路販賣物品，相關的網路流程及技術，其實比現在複雜許多，當時很多民衆甚至是抗拒的；一來是當時的法規不完善，二來金融相關資訊容被盜取，三來網路銷售平台甚少，種種限制下，造成許多人對網路購物，還是陌生且抗拒的。

到了 2008 年左右，智慧型手機漸漸普及化，功能也慢慢成熟，台灣線上金流跟法規也逐漸發展完善；網路購物從早期的雅虎奇摩，慢慢有了露天拍賣、樂天拍賣、PChome 等購物平台，這幾年，也有許多強調手機購物的平台，進入台灣市場，如蝦皮等。

當這些購物平台興起，很多人看準了商機，準備進入這些購物平台；許多業者，也打著網路能幫你做24小時生意、網路無國界、網路可以免費宣傳等口號，開始教授許多網路行銷技巧。當時，很多人都以爲，只要把商品放在電商平台上，訂單就能進來。

很多廣告喜歡放上的宣傳口號包括：「商品放網路，訂單自動進」、「輕鬆賺進網路財」等，這些廣告詞確實吸引了民衆關注，也有許多傳直銷團體，運用這樣的手法，打著網路行銷口號，實際卻從事拉下線活動，造成許多台灣民衆，對網路電子商務存在許多幻想。

有學生曾問我：「難道『商品放網路，訂單自動進』這句話不對嗎？」我只能笑笑回答：「沒有不對！邏輯上，商品放網路，訂單自動進，是正確的，只不過，很多人沒跟你說，如果商品放網路，訂單要自動進，這中間需要許多網路技術跟工具，不是用口號隨便喊喊，把商品放在網路平台，其他什麼都不理，就可以辦成的。」

很多人聽我這樣講，一開始絕大多數都不相信。在幾年前，大家都單純的認爲，只要把商品放在網路上，產品就會大賣；那時，台灣形成了一股網路學習熱潮，市場上突然出現許多網路行銷講師，宣傳廣告打著專教Line跟微信行銷，其實卻從事傳直銷行爲，或是進行上線拉下線等龐氏騙局。

我常跟業者傳遞一個觀念——網路行銷是從行銷學延伸出來，它背後的邏輯還是行銷學，只要牽涉到行銷學，就跟人的行爲脫離不了關係，因爲，行銷學開宗名義說道：「行銷是滿足人類需求。」只要跟人有關，背後的商業行爲，就不可能單純只有一種，把商品放在網路上販售，只是一種商業活動，不是網路行銷的全部。

虛實整合好處多

虛實合一，講求的是虛擬跟實體結合，單純只在網路上銷售商品，顧客是無法接觸商品的，只能透過螢幕跟鍵盤，來進行商品銷售；當感官體驗被剝奪時，其他銷售服務，就顯得特別重要，畢竟顧客跟你買商品，對你有一定程度的信任，否則大多數人，不可能會隨隨便便在網路上看到陌生的圖文，就胡亂下單的。

一看到這裡，不免有人心中產生疑問：「難道我在網路上販賣商品，還得要開一家實體店面嗎？」這種想法，可能有點狹隘，這裡指的「實體」，並不單指實體店面，這裡面，還包含了售後服務、運送服務、商品文案及介面設計等。那麼，到底該如何做呢？以下提供一些方案給各位讀者參考。

一、找網站，先觀察如果你不知道網路銷售應該具備哪些流程跟技術，最簡單的方法，是先找幾個你自己喜歡的銷售網站，觀察這些銷售網站的流程，看哪些是你喜歡的，記錄下來；這些就是你以後要進入網路銷售模式的模仿對象。或許有人會問：「如果我想將商品放在現行的銷售平台上，該怎麼辦？」你可以觀察，跟你的商品同類型且銷售業績好的網店，這些商品的文案、客服、以及折扣等流程。

二、要事先規劃建立網站銷售物品時，一定要先規劃，先把流程規劃好，你才知道，網站功能哪裡有缺失，哪裡該改善；如果是運用購物平台，也要先想好客服話術、運送服務、退貨流程及金流等，這樣遇到狀況時，才不會手忙腳亂，不知如何應付顧客，讓顧客產生不專業的印象。

三、多曝光、建人脈網路銷售跟實體銷售，其實有些雷同之處，當你要販賣商品時，多方曝光，是不變的道理，只不過，實體銷售曝光的技巧，較爲人熟知，如：叫賣、發宣傳單等。

而網路曝光，則是要找尋相關論壇及討論區下手，只要讀者使用網頁搜尋功能輸入商品關鍵字，再加上論壇兩字，就能找到很多相關論壇了。

四、建立分享會及活動這個是虛實整合最好的方法，網路上是虛擬世界，再怎麼廣告宣傳，也比不上人跟人見面有溫度，適度爲產品或網站建立相關活動及分享會，可以提高顧客忠誠度，也可以凝聚顧客對產品的向心力，讓顧客在冰冷的螢幕前，仍可感受到人性的溫度。

「虛實合一，百戰百勝」——重點強調在將虛擬世界跟現實生活相互結合，很多人誤認爲：只要把產品放在網上來賣，其他不做任何事，就可以創造業績……這是很多人的錯誤認知，現今網路世界很競爭，每天冒出的網路賣家，多到數不清，單純將產品放在網路銷售，就能獲利的時代，己經不可能出現了，只有將虛擬跟現實相結合，才能在這競爭激烈環境中，創造出屬於自己的一條路。

大家都常說，要線上、線下整合在一起，你有沒有思考過，要運用什麼方法，才能讓實體店面跟網路店面相輔相成，而不是衝突競爭呢？當實體跟網路店面，有利益衝突時，你該如何解決呢？

18

網路行銷36計

合縱連橫，穿針引線

將兩個不同群族，穿針引線串在一起，善用資源，創造雙贏或三贏局面。

有許多人經常認爲，網路行銷是近期才興起的觀念跟技術，然而，只要待在這個領域有段時間的同業就會發現，網路行銷其實不是新的觀念，我常說一句話：「網路行銷，基本就是——將行銷學觀念，套用在網路技術跟應用軟體上，背後的邏輯還是行銷學。」因此，我常推廣，網路行銷要搞好，行銷觀念不可少。

然而這個觀念，常有人反駁提問：「網路行銷，經常得花很多時間學新工具、玩新技巧，怎麼還有時間去念行銷學呢？」我總是這麼解釋：「網路上，所有的工具，沒人保證會陪你一輩子，光是社群軟體的起落變化之大，這幾年就看得很明顯，例如：早期的大家習慣使用 MSN（Windows Live Messenger）跟 ICQ，現在幾乎消失了，已經被 Line 等移動社群軟體取代。

新的工具一直推陳出新，每個人也都只有 24 小時，扣除你吃飯、睡覺時間，就算你全心全意投入學習新工具，當你熟悉了新工具，這個工具搞不好也不再流行了，用不著考慮到你年歲成長、體力下滑等因素，新工具再怎麼學習，永遠敵不上時代潮流。

這也就是我一直強調要熟悉行銷觀念的原因了，或許有人會問：「難道行銷觀念就不用更新嗎？」近年來，確實有一堆新行銷觀念出現，但我認爲：「行銷學是一門跟著時代演進的學科，它會跟著時代而變化，不過，這些多半以原有觀念爲基礎，而再延伸；因此只要熟知行銷學原理，新的觀念再怎麼更新，也能很容易就快速上手的。

衆人皆知，網路行銷最好不要單打獨鬥，應善用團隊力量；但這一點，說是容易，執行起來卻不簡單。建立團隊要考慮人員素質、員工心態、領導能力並費時溝通，好不容易團隊建立好了，員工又可能有其他生涯規劃，準備辭職，這樣組建團隊的過程，讓許多老闆心生疲累。

因此，行銷學上，就提供了一個解決方案，叫「異業結盟」；大意是指兩家企業，相互合作，運用彼此資源，成立合作團隊，來互補雙方的不足，這樣一來，企業可以彼此利用現有的即戰力，不用再重新培養資源，快速結合，應付變化萬千的市場。然而，「異業結盟」的好處人人會講，眞要執行起來，卻有相當難度。

兩個不同的團隊，要相互結合，運用彼此資源，理論上是很美好，眞執行起來，才發現困難點不比自組團隊少；除了考慮團隊默契是否契合外，還要考慮團隊資源運用、任務分配、溝通協調等……不免有人質疑，面對這麼多的困難點，還要做異業結盟嗎？答案還是要的，因爲好的異業結盟，可以讓團隊績效快速增長，達到１＋１＞２的情況產生。

不少人都有一個認知誤區，認爲相同的產業才能異業結盟，不同的產業無法異業結盟， 或是結盟的成效不大；其實，這樣的觀念才是最大的誤區。

不同的產業，異業結盟若能處理得當，其績效成長或許是我們無法預估想像的。到底要怎麼做才能提高不同產業異業結盟成功的機率呢？我們提供以下幾點作爲參考。

異業結盟 step by step

一、事前規劃這點很重要，很多人在進行異業結盟的時候只著眼於商機，心想只要找到好團隊，進行異業結盟就會成功，這其實是最致命的想法；當有美好的理想浮現在你腦中時，你會忽略週遭的所有資源，一心想著「只要找好團隊，就能成功」，而忽略了不同的團隊，有不同的屬性，要將不同團隊結合起來，事前規劃是非常重要的。只有事先規劃詳細，未來遇到問題，就能按照規劃的程式走；若團隊結合，遇到無法事先預測的問題，你也可以從事先規劃好的答案去找出解決的方法或方向。

二、制定共同條約不同的團隊，有不同的運作方式，要將兩個不同的團隊結合在一起，才是１＋１＞２的綜效，事前制定遊戲規則是非常重要的，事前將遊戲規則制定好，讓兩個不同屬性的團隊知道什麼該做，什麼不該做，做對事情有獎賞，做錯事情有懲罰，這樣團隊的成員才會明白，要依循現在的規則做事，而不是固守舊團隊的做法。

三、要有緩衝期限異業結盟實際是將兩個不同團隊結合在一起，團隊成員很容易會按照結盟前的習慣做事，突然叫他們改變是不太可能的，不同的團隊結合容易產生衝突，所以領導者一定要有耐心，團隊一定會產生磨合期，在磨合期間，領導者要解決的衝突與問題，必定不少，儘量保持公正且客觀的心態來處理團隊問題，不要妄想一夜之內，能改變結盟團隊氣氛。

有些人會想，那我不組新團隊，只要將彼此擁有的資源融合在一起，並且加以運用，創造出雙贏的結果不是更好？這樣的理念是不錯，但是，需考慮的點跟異業結盟其實是一樣的，不同資源的運用也會產生磨合期，資源應用不是隨隨便便說結合就可以結合的。

也要考慮資源的互補性，以及資源的擁有者，是否願意將資源釋出？想創造出雙贏的局面，這些都要考量在內，當對方同意將資源釋出，資源結合的過程，也可以用上述的步驟，讓資源得以快速的整合運用，創造出雙贏的局面。

「合縱連橫，穿針引線」——強調將不同產業的資源，加以穿針引線，透過不同的方法來將資源互相整合運用，創造出雙贏甚至三贏的局面。在網路時代，不同產業的資源交叉運用，創造出來的綜效是我們無法想像的。然而資源在結合的過程中，並不像我們想的那麼容易，說結合就結合。

在資源的結合過程中，一定會產生衝突及矛盾，儘量運用網路行銷的工具及管理方法，再參照上述建議，來解決這些衝突與矛盾，創造出來的績效，必定能超乎我們所預估。

你有沒有盤點過手中的資源跟人脈呢？有時候，仔細建立資源名單，可以從中看到商機，搞不好，還能將兩個原本不相干的資源，透過你的穿針引線，創造出新的火花。

網路行銷36計

19

異國之地，因地制宜

瞭解當地的風俗習慣及文化，創造出適合當地的商業行銷模式。

我出外演講時，曾在講座上說：「有心進入網路行銷領域的人，不論什麼時候，都是好時機。」因爲，昨日的成功經驗，不一定能帶來明日的成功。只要你有心，將基礎知識（行銷學、網路概論、網路工具）學好，接下來，就看你有多少資金、玩多少本事了。不用羨幕他人過往的成功經驗，因爲，這些成功未來會不會消失，那可不一定！

從網路撥接時期，我就開始接觸網路了，看過了許多公司及企業的興衰變化，從早期的 BBS（台大椰林風情版）、ICQ、MSN、無名小站等等，這些都是早期風行全台灣的網路工具，現今，大多已經消失不見，也很少有人再去提起了……所以，當有人來問我：「到底要學什麼網路軟體最好？」我常笑說：「學你有興趣的就好。」

網路時代一直在變，行銷工具跟觀念，也一直在推陳出新；目前網路最大的社群軟體中，Facebook 算是其中最具影響力的一個，但它什麼時候會從市場消失，也沒人敢保證；Google 算是最多人使用的搜索引擎了，它的成名讓人矚目，然而一開始，它也是從十多年前推出免費的網路硬碟空間起步……網路時代沒有永遠的贏家，只有不進步的輸家。

不只網路時代要一直進步，現實生活中，許多公司跟商業模式，也因網路而改變。早年，淘寶網剛成立時，許多人是看衰的，認定它無法成功（我也是其中一個）；畢竟，當時大陸的網路環境跟物流條件，落後台灣許多，誰能想到，現今的淘寶，已經是兩岸、甚至全球知名的網路購物平台呢？

台灣市場在前幾年，不少人看到淘寶的商業模式成功，開始也想建構自己的網路商城；也有一群人運用淘寶的名聲，跟許多民衆集資，準備將台灣商品賣進中國大陸。當時，有很多人問我看法，我只淡淡的描述說：「在中國大陸可以成功的手法，在台灣卻不一定能成功。不同的風俗民情，要使用不同的商業模式；畢竟，拿同一套手法，套用在別人身上，往往失敗的機率會比較大。」

網路環境創造出許多神話，很多人初入網路行銷市場，都幻想能快速賺到一桶金；也有很多教學單位，在網路發展初期，打著「輕鬆月入數十萬」、「快速套利及變現」等宣傳口號，讓許多民衆認爲，只要將商品放上網販售，就能快速賺錢……我常跟大家說，如果網路這麼好賺，講師自己去賺就好了，幹麼還那麼辛苦出來講課呢？

許多朋友看到大陸淘寶雙 11 的盛況，都認爲台灣電商平台，也一定能像大陸一樣，創造出財富傳奇。當時台灣許多電商平台四起，每個人都幻想著，將商品放上平台，就能輕鬆賺錢，財富快速入袋……

幾年前，不少朋友曾來詢問我相關意見，我總勸說：「別人的商業模式能成功，有當時的環境跟歷史位置，套用在台灣的環境，不一定能成功，如果只是單純模仿，失敗的風險是很大的。」

企業經營之所以能成功，創業主能賺錢，是許多創業主的夢想境界，大家都想像著，可以靠著商業模式來賺取大量金錢，也幻想能年收七位數，成爲人生勝利組，只要看到他人的商業模式成功，就一窩蜂去模仿……心想：「別人能成功，我也能成功！大家都是吸著同樣空氣，爲什麼？別人能成功，我們不能呢？」

殊不知，很多時候，商業模式能成功，是靠著天時、地利、人和，用現代的術語講，就是環境、地緣跟文化，不同的地方，有不同的環境，人民的文化習慣也不同，單靠看別人成功的模式，就一味的模仿，這樣失敗的機率當然高，例如：大陸的行動支付，可以發展得這麼快速且成熟，除了大陸人口衆多外，主要原因還是在於：早期大陸的金融環境不像台灣那麼便利，相同的銀行，在不同省份有不一樣的規定，這樣的環境下，才會造成大陸行動支付的快速發展。

「異國之地，因地制宜」——主要講述，要根據不同的環境、法律、人文及文化等，來發展出不同的商業模式，而不是一味認爲自己的商業模式才是正確的，讓自己的眼光變狹隘，看不到週遭環境的變化，讓自己在發展公司業務或推動行銷策略時，徒受許多挫折。

異地發展怎麼做？

那麼要如何才能根據不同的環境，發展出不同的商業模式或行銷策略呢？這裡有幾點給各位參考：

一、讀書是最好的答案不同的地方環境，一定有著不同的法規；初到陌生城市，要發展自己的事業，一定要合法，不能違法，然而，陌生城市的法規，外人必定無法完全瞭解。

爲了避免不必要的爭議，造成非法行爲，瞭解陌生城市的法規，是第一要務。現今多數城市，法規發展跟描述都很完善，多閱讀相關法規資料，可以在陌生城市中，避免許多地雷。

二、融合當地生活許多商業模式能成功，往往是因爲這個商業模式適合當地的風俗民情，換到另一個城市或國家，搞不好，成功的商業模式，會成爲失敗的案例。要發展適合當地的商業模式，就要多接觸當地居民的生活，去體驗當地風俗民情，配合當地風俗文化，發展出適合的商業模式，一直在辦公室畫大餅、打高空是不切實際的。

三、游擊大於正規不同城市，有著不同的規矩，剛到陌生環境時，不要讓自己陷於死板，因爲你會不會成功，還充滿著未知數，儘量修正自己的商業模式，讓自己充滿彈性，這樣遇到問題，才能快快修正，等到自己的商業模式，有了獲利後，再將這個成功商業模式建立爲模組，複製到別的城市，同時因應當地微調，來發展自己的商業版圖。

「異國之地，因地制宜」主要講述不同區域，有著不同的文化習慣，行銷模式也要能因應變化，唯有配合當地文化水準，發展出適合當地的商業模式跟行銷策略，才能更快速的找到獲利空間，適應網路快速變動的環境。

TIP

異國之地，因地制宜，說的正是不同國家，風俗民情各有不同，要能因應調整，提出不同的行銷政策及方案。請思考一下，你能否運用網路資源，查到不同地區的生活習慣，作爲你在製定當地行銷方案前的數據參考資料？

網路行銷36計

善用隘形，必過要塞

在敵人必經的窄巷通道，埋下陷阱及機關，無須在廣闊的開放市場，跟敵人一決生死。

網路雖然發展了許多年，但網路購物卻是從近十年，才慢慢被大家接受。根據我的觀察，可以歸納幾點，說明網路購物爲何最近才讓台灣民衆接受。

一、人們在購物時，多少還是習慣接觸到商品，畢竟，親眼所見、觸摸到商品，更能感覺商品是否適合自己；網路購物去除了實際接觸商品這項特質，所有的購物行爲，都透過冰冷的螢幕跟修飾的網路圖面傳遞到消費者眼中，少了跟商品接觸的感覺，多少都會影響購物決策。

二、台灣因爲地理面積小，要買什麼商品都很方便。基本上，只要你想買，找好相關商品店家資訊，在一天之內，你絕對可以買得到；況且人類是情感動物，透過與人接觸，會有心安的感覺，相較於透過冰冷的螢幕溝通，大多數消費者，還是會選擇找商店跟人購買。

三、台灣物資豐富，今天你只要想吃什麼、想買什麼、想用什麼，大多數住家附近，都有便利超商，透過便利超商提供的服務，讓許多台灣人從現實生活中就享受到許多便利，相對於早期的網路購物，在購買商品前，要填寫一堆個人資訊，還要擔心個人資訊被詐騙集團濫用，比較之下，大家對網路購物，還是興趣缺缺。

近幾年來，由於網路網境發展成熟，購物金流也愈來愈安全便利，加上網路購物平台大量廣告，消費者也漸漸接受網路購物的觀念，雖然不見得什麼商品都在網上購買，但遇到網路店面價格比實體店面價格便宜許多時，多數人都會心動而選擇在網路店面購買。

不論是在實體店面或網路平台消費，大多數消費者，都會根據自身的經驗或商品特色等心理特質來消費商品，這些消費經驗，在管理學或行銷學中，我們可以稱爲消費者習慣。

「善用隘形，必過要塞」大意是指，兩軍交戰，因爲資源有限，必須要花費最少資源來獲取最大戰績取得勝利，因此在作戰前，領導者必須先觀察地形，利用天險，避免在廣闊的平原跟敵軍對戰，可以觀察敵軍行軍方向跟路段，在敵軍必經之路，埋下陷阱及機關，以求最大戰績。

運用上述觀念，我們可以先瞭解，消費族群的消費習慣跟上網模式，並從這些習慣，去分析目標族群的思考方式，在這些習慣的路徑當中，再去運用行銷資源，以求運用最小資源，達成最大的成交率。

如何佈設機關？

每個產業的消費族群都不一樣，那要如何詳細瞭解主要消費族群的上網模式跟消費習慣呢？以下幾個方法，提供大家做為參考方向：

一、觀察早期台灣民間流傳一句話：「生意是看出來的。」這句話背後的含義，可以用現代的管理學理解成：「要觀察消費者的行為模式。消費者的行為，或多或少都會有習慣的模式，你要仔細觀察消費者的消費模式跟上網習慣，在適當的時間點，投放廣告或使用促銷手段，以求運用最少資源，達成最大曝光率。」

二、模擬有時候，觀察了好半天，你也看不出個所以然；這時，可以嚐試用模擬的心態，將自己化身為消費者去猜想，當你是消費者時，會希望廠商做什麼事？在什麼時間點，做什麼促銷活動？用什麼網路文案，可以打動你？透過角色轉換，你至少有方向可循，就能決定要使用什麼行銷策略及文案了。

三、閱讀提到閱讀，我想應該是大多數台灣人的痛點。大多數人沒有養成閱讀習慣，相對的，也忽略了如何從現有的資料中，去找尋一些消費者使用習慣的蛛絲馬跡。網路上有許多研究資料，像政府資料開放平台、資策會網站等，都提供了消費者行為的數據資料；養成從閱讀資料中，找出你需要的資訊，可以幫助你在網路行銷佈局，節省更多的成本及時間。

四、修正在研究消費者習慣後，針對消費者習性，去投放廣告或發表促銷文章，這些都是根據你的自身經驗，或閱讀大量資料所判斷出的行銷策略，這些步驟理當能提高成交機率，但能否 100% 成功，說實話，沒人敢保證；你只能運用有效資源，多去試驗不同的行銷方法及策略，慢慢的檢討及修正，讓每次行銷策略，更能趨向完美，完成業績目標。

「善用隘形，必過要塞」講述的是：在必要的通道，埋下陷阱及機關，不必在廣大市場中，跟敵人硬碰硬。舉例：多數台灣人習慣一早通勤使用 Facebook，你就儘量在早上發文，以求曝光率最高，這背後的邏輯就是要先瞭解消費者習慣。

瞭解消費者網路習慣，除了自己本身經驗外，只能透過多閱讀資料分析判斷，所有的消費者上網跟消費，都會有自己的習性，他們本身可能也不自覺自己有哪些習慣；你只要掌握這些習慣，在他們習慣的路徑下，埋下你預設的行銷佈局，這樣，成交率及曝光率就會大大的提高。

你有沒有觀察過，產業內的消費者，他們的消費行爲及上網行爲？有什麼是他們一定要做的動作？或是他們習慣如何？只要抓準他們的習慣，在他們的必經途徑中，埋下相關文案及銷售頁面，消費者自然而然，會被你吸引住哦！

21

見縫插針，見洞塞栓

任何客戶，都有一定的痛點！要解決客戶的痛點。

不管是在外的網路行銷講座或是企業內訓教授行銷學，我常問學生這句話：「你的產品要賣給誰？」很多人都回我說：「就賣給消費者啊。」通常要等我問第二次：「你的產品是要賣給誰？」這時學生才會去思考他的產品是要賣給哪一類的消費者。也有很多學生這麼回答我：「大家都可以用。」

我也經常在網路行銷講座時問：「什麼人會想使用你的產品？」多數的廠商會回答我：「任何人都可以使用啊！」然而一聽到這種答案，我都會立刻回答：「大家都可以用的話，代表說，這東西沒有獨特性。」

我的意思是，這表示這項產品多半是容易被替代的。我們身處於物質豐饒的現世，幾乎所有消費商品都很容易找到替代品。也就是說，如果你的產品沒有比較特殊的點，基本上也不會引起消費者的注意。

當我強調，廠商要以產品特性去找出特定的消費者，並仔細描述繪消費者輪廓，當描述完消費者特性後，我會請廠商試想，這些描繪出來的消費者，是否願意購買我們的商品？很多人在此時會產生疑惑，透過廠商描繪出來的消費者，他們眞會想購買我們的商品嗎？

心理學上，有個名詞叫「自我認知」，很多人進行思考，往往都會以自我爲中心，逐漸向外延伸任何想法及觀點；然而依據廠商的觀點，他們描述出來的消費者，跟實際有購買能力的消費者，常常是有差距的。

這個就是我們常說的：現實往往比理想殘酷。根據筆者的輔導經驗，當廠商提出消費者輪廓時，不妨請他們再冷靜思考一下，再想想，哪些是眞正有購買能力的消費者，這樣，答案往往會更精準。

找完消費者特性後，接下來，就是要找出消費者想買的理由。爲什麼消費者會購買我們的產品，再依據這些理由，設計相關的文案以及標題，讓消費者可以藉由文案和標題，產生購買慾望，進而可以促成交易成交，讓業績可以提高。

消費者爲什麼購買我們的產品？理由不外乎三個：

一、產品是消費者所需要的。因爲消費者需要，他才會購買我們的產品，例如：柴米油鹽醬醋茶等，這些都是消費者日常生活所需要的，只要我們能適時提供合適的文案，消費者就容易產生購買的意願。

二、產品是消費者所欠缺的。因爲欠缺，所以他才需要商品來補充他的不足；例如消費者想要裝潢一個新家，他必須購買傢俱才能產生一個完整的家，所以傢俱就是他所欠缺的。

三、產品可以解決消費者問題。只要這個產品可以解決他的問題，消費者購買我們產品的意願一定會大大的提高；例如市面上的減肥產品，他們會解決許多消費者肥胖的問題，大多數消費者都願意花大錢去購買減肥產品，以解決他們肥胖的問題。

「見縫插針，見洞塞栓」講求的就是解決消費者的痛點，消費者都有一定的痛點，只是要要靠我們自己去找。有時候，連消費者自身都不知道他們的痛點所在。

行銷人員必須要靠著敏銳的觀察力來找尋消費者的痛點。只要找出消費者痛點，再搭配產品特性，消費者自然而然就會掏出錢來購買我們的產品。

什麼是消費者的痛點？換個學術方式來講，就是消費者的基本需求跟潛在需求。基本需求包括：吃喝玩樂、食衣住行等，潛在的需求就是根據人類基本需求的再延伸，例如能滿足享樂、安逸、舒適、興奮、高興、愉悅、快樂的情緒等。

如何尋找消費者痛點？

那麼要如何才能找到消費者的痛點呢？根據我們多年的行銷經驗，我們有三方向提供作爲參考。

一、詢問身爲行銷人員，我們常常都有盲點，往往以自身主觀角度出發去看事情，因此忘了消費者眞正想要的是什麼？所以，詢問消費者是最快的方式，因爲只有消費者知道，他們需要的是什麼？他們欠缺的是什麼？行銷人員只要詢問產品相關人員，通常得到的答案，大多數是比較正確的。

二、觀察基本上，消費者的需求有分基本需求跟潛在需求，潛在需求有時候，連消費者自身也不曉得，行銷人員只有透過觀察，來看出消費者的潛在需求，找出潛在需求後，再透過文案跟標題設計，喚起消費者的潛在需求，並讓消費者願意掏錢購買產品。

三、分析行銷人員要懂得分析數據，並從中找出未來趨勢，也要從數據中，找出消費者慾望與產品的關聯性，這樣才能從衆多數據中，找出消費者的痛點，解決消費者問題。

我們舉個著名的例子：沃爾瑪 WalMart 的啤酒與尿布。行銷人員從許多數據中，找出美國男性到每週五買啤酒時，同時也會購買尿布，藉由從數據分析出產品的相關性，WalMart 成功的從中獲得了巨大的利益。

「見縫插針，見洞塞栓」——主要講的就是針對消費者痛點，來設計相關網路文案及網路行銷活動，有些人或許會覺得，這這種利用人性弱點刺激消費的方式不盡公道；端看你如何思考，你也可以想成，行銷人員找出消費者的需求，並提供適當的產品，來解決消費者需求，進而創造出雙贏的局面。

這篇文章的重點是講述如何找出消費者痛點，這是所有行銷人必學的知識之一，如果可以順利找出消費者痛點，你的產品及服務就能找到特色順利銷售出去，而不會變成沒有特色的大衆化產品。

22

網路行銷36計

廣設分號，給其大利

同時跟多人合作，給對方多一點利潤，最後獲利的仍是自己。

人跟人之間互動，講求的是誠信，而不只是利益，尤其是在挑選合作對象時，人多不一定就好。在做決策或是求取共識做決定時，人多反而是一種壞處。

人跟人的合作重誠信，尤其是在做生意時，一個人的誠信往往比白紙黑字更重要，所以多數人在簽訂合約時，多多少少免不了考慮公司的誠信問題，如果公司的誠信有問題，基本上敢跟合作的對象也只是少數。

在商業環境中互相合作，大家都想找尋一個長久合作的夥伴，然而多數到最後鬧翻了臉的，都是爲了利益。華人教育中，總教我們要爭取最大利益，卻往往忽略了，除了爭取利益最大化之外，還有另一種選擇，那就是雙贏。

雙贏說起來簡單，可是做起來真的很難，畢竟這違反了華人的慣性，台灣的教育鼓勵我們從小得第一，名次的概念如影隨形；然而雙贏考慮的不是爭第一，而是大家互相配合，獲取最大的利潤。

網路交易跟實體交易的最大差別，除了實體店面可以實際碰觸感受到產品外，就是網路交易可以搭配一些手法，讓你不用爭第一反而還能賺更多，這是大多數實體交易無法做到的。

「廣設分號，給其大利」主要講的是，我們不必求取最大利潤，而是讓利給合作對象，只要收取少少的利潤，一旦合作對象變多變廣，最終獲取最大的利益還是我們。

要形成這些條件，必須要有一些心態及基礎規劃，我們在這裡分成兩大部分，分別是心態跟硬體來介紹。

在**心態**方面，我們可以分成二個部分來介紹。

一、要創造雙贏首先我們的心態要做調整，畢竟在商業模式中，要把利潤讓給他人，需要很大的勇氣，畢竟有錢不賺，根本是違反商業原則，要你將大部分的利潤，主動分給合作對象，這需要相當大的勇氣。

所以在心態上必須要調整，要對自己要有相當程度的信心，相信自己未來會找到更多的合作對象，現在的讓利，是爲了讓未來的自己更好。

二、要放棄爭第一市場是唯一的念頭。因爲當市場佔有率有了第一的概念後，大家就得拼得你死我活，如此這般，就算你拿到了第一，公司的損傷也會非常嚴重。

所以，放棄第一的概念，與同業一起把市場做大，這樣不只能創造更大的利潤，也能提高切入市場的門檻，創造出雙贏，甚至三贏的局面。

在**硬體**方面我們分成兩個部分來介紹。

一、就是創造屬於自己的護城河諮詢設備的投入絕不可少，因爲你要將利潤讓給大部分的合作對象，自己只獲取少許利潤，合作對象一多，你才會產生可觀的利潤。

要跟多個合作對象合作，資訊設備是少不了的，因爲只有具備良好的資訊設備才能管理更多的合作對象，也因爲自己的資訊設備良好，在市場上的地位才不會輕易被人取代。

二、要記錄，甚至創造出屬於自己的知識圈因爲要跟多個合作對象合作，面對不同的合作對象要因應產生不同的方案，在實踐上並不容易，畢竟每個合作對象都有不同的需求，不同的需求也會產生不同的解決方案。

如果每每跟新對象合作，就得從頭因應新的需求撰寫全新提案，是個十分耗費人力的作法；我們應該妥善管理好自己的知識庫，舉凡一跟新對象合作，便能從知識庫中，快速找出相關的類似提案再加以微調，將過往經驗模組化，這樣合作就可以節省許多時間，讓我們將精力集中在尋找更多優質的合作伙伴上。

「廣設分號，給其大利」講的就是與人合作，要捨得將大部分的利潤釋出讓利給合作對象，透過連結更多更廣的合作對象，獲取最終的最大利潤。要達成這項雙贏任務的前提是，得要有良好的心態，跟優良的資訊設備，這樣才能創造出新的網路行銷模式。

TIP

廣設分號，給其大利，換個角度來說，就是創造出双贏的局面；說得簡單，執行起來並不容易，要將到手的利潤分享他人？其實違反人性……思考一下，如果是你，你是否願意將主要利潤分享給他人？分享多少才算合理？這些都要事先細細思量。

網路行銷36計

23

仙草開花，廣播其籽

盡可能多且廣地發散種子，讓自己的理念可以廣爲宣傳。

早期台灣的網路行銷分成兩派，一派是踏踏實實運用網路工具及網路操作手法，這一派我們稱爲「網實派」，就是透過網路實實在在的賺錢，運用網路工具及技術來販售商品，以賺取利潤，提供更方便的服務給客戶。

另外一派我們稱之爲「網賺派」，這是運用網路行銷的名義，教授一些簡單的網路技巧和工具，這些網路技巧及工具有時可能不正規，包含以虛擬定位濫發廣告信等，名義上是教售網路行銷技巧，實則是運用多層次傳直銷的手法，拉學生加入傳直銷產品，並增加自己的線下客戶。

這些都是台灣網路行銷市場早期的現象，人人都想賺錢，這本無可厚非，但有些產業行銷模式遊走在法律邊緣的灰色地帶……常遭人詬病；隨著時代的進步，資訊的傳播及多層次傳直銷的法令也日趨完善，台灣民衆學聰明了！市場上「網賺派」越來越少，眞能從中獲利的人已是少數，有越來越多人開始認同「網實派」的正派手法，開始認眞學習網路行銷工具。

但這間接導致了一個新的困擾，就是不少人在理解正派的網路行銷後才發現，在這個時代要透過網路行銷工具獲得利潤，其實是非常困難的。因爲眞要投入這個領域，必須花很多心力來學習，短期內很難看到成果，這讓剛接觸網路行銷的初學者，非常容易感到挫折。

我們的教育和傳播理念是非常重要的，在台灣要傳播正確的理念，有時並不容易，在凡事講求快速獲利的現代，傳播正確理念必須經過長時間的培養並傳遞正向的網路概念及技巧，這事急不得，需要長時間的累積。

這不是說做就做，馬上就能做好的，必須隨時隨地的經營自己，盡心傳遞正確的觀念，宛如滴水穿石一般，必須一點一滴、慢慢的累積，有朝一日終能看到巨大的成果。

「仙草開花，廣播其籽」講的正是：傳播一個正確的觀念，必須要從小地方開始，四處散播眞理的種子，讓這些種子慢慢發芽，終有一日能夠開花結果，一開始我們並不知道花朵何時會長成，但仍要隨處廣布，去傳揚眞理的種子。

有些種子會發芽開花，有些種子則是馬上消失，這都不是我們所能掌控的，我們唯一能掌握的是：隨時隨地播種。如果這些種子可以發芽，終有一天，一定會形成茂密的森林，屆時我們才能享受豐碩的成果。

這個觀念不只運用在宣傳教育理念，也可以應用在商業模式上，因爲透過網路，我們隨時隨地的在各大平台中散播種子，讓這些種子隨時都深埋在網路平台的沃土中，這些種子的形態可能是文章，廣告或是宣傳文案等。

透過網路的傳遞，讓這些宣揚的種子迅速散播到世界各地，這些種子製造的目的只有一個，那就是宣揚你的理念（吸引消費者到你的網站購買商品），這成果無法於短時間內快速促成，必須耐心等待，讓這些種子發芽。

要製造這些種子，你必須要有良好的心態，如果心態不正確，很容易感到挫折，一旦產生挫折，會覺得心灰意冷，往往覺得這個領域進入門檻很高，很容易就放棄打退堂鼓。

所以我分享幾個建議，讓大家在網路行銷領域上，建立正確心態，並持續前進。

我一直強調一個觀念，那就是網路行銷沒有速成，只有基本功。

所有事情有它一定的步調跟節奏，強調速成、快速獲利的，最終都經不起考驗，將消失無蹤；網路行銷要慢慢去推廣，像農夫一樣播種，將自己的理念，慢慢地推廣，這些四處播散的種子，終究會有開花結果的一天。

「仙草開花，廣播其籽」說的正是推廣任何理念，都必須像播種一樣，耐心地四處散播心念的種子，只要這些種子分布得夠多夠廣，等到開花結果那天，你將會嚐到非常豐碩的果實。

現在，我們知道四處播散種子很重要，但你思考過網路上哪些地方適合你散播種子嗎？你有事前做過調查嗎？請記得事先鋪路，查出網上哪些地方適合你散播種子，做好準備，這將有助於最終開花結果。

24

網路行銷36計

砂石雖小，大地之母

雖然石頭微小，但它是大地的基礎。在網路上，慢慢用微小聲量發聲，終有一天會產生巨大的力量。

部落客就是每天持續發表文章，到了最後，他變成了該領域的專家。

早期的網路時代，很多人因爲興趣開始在網上寫文章分享，當時，台灣的部落格平台像是 Yahoo 雅虎奇摩、無名小站或是到後來的痞客邦（PIXNET）等，都有一群人樂於分享自己的所見所聞，當年的這些平台大多是以文字及圖像的輸出爲主，吸引了許多熱愛分享創作的朋友，在網上發表自己的作品。

這些部落格平台都有留言板功能，粉絲能直接跟文章創作者留言互動，時間一久，文章創作者逐漸默默培養出一群固定的粉絲以及讀者班底，這時出版社開始找上創作者，邀請作者考慮出書，廣告行銷公司則是找上這些文章創作者，舉辦相關的線下活動，打造個人形象品牌。

漸漸地，許多部落客開始走出自己的一條路，透過經營自己的部落格，培養忠實粉絲，也因爲小有名氣，逐漸就產生了商業模式。

大多數的部落客們，會開始接觸產品廣告，也就是我們所謂的業配文，很多粉絲在此時開始對這些部落客產生質疑，認爲他們分享文章的初心已經漸漸變質，撰寫部落格的初衷開始漸轉變成盈利手法。

說實在的，此事是非難斷。在國外，光網路分享文章有時也要收費，只是因在台灣這個環境，我們沒有網路付費的概念，覺得只要是別人公開分享的內容，我們就可以免費地自由取用。

很多人都忘了——這些免費分享的背後，部落客的生活還是要過，有些自命清高的粉絲，不認同部落客開始接受撰寫廠商的行銷文，就開始鄙視這些部落客。

其實，部落客要成名也不是想像中那麼容易，許多人都願意在網上寫文章，也願意分享文章，然而能持續的卻很少。

很多人寫一寫，就開始覺得厭煩，也因爲一開始投入，就沒有獲利空間或商業模式，覺得寫這些文章看不見未來，因此不少人中途放棄，連著名的網路作家九把刀，也是連續寫了四、五本小說，才開始眞正有了名氣。

我長期教授網路行銷觀念，曾有很多人都來問我：「怎樣才能在網上成名？才能產生獲利？」我總是跟他們說：「從寫文章開始吧！」很多人會提出質疑：「我要寫什麼類型的文章呢？」

我常常笑著跟他們說：「從您最感興趣的開始寫，這樣你就可以寫得有趣，也會比較有成就感，唯一的問題是——你必須長期持續且大量的創作。」

很多人認爲，他們不是專門寫作的作家，因此不敢在網路上發表任何創作及文章。其實，這是個任何人都能在網上發表創作的年代。

每個人都有特殊的喜好及專長，你只要每天在網路上發布一點點，有時候可能是一個想法，有時候可能是一個觀念，時間一久，你就會變成這個領域的專家。

網路世界中的「時間」是神奇的催化劑。只要你每天做一點點，時間一久，自然就有人知道你，就會有粉絲開始來追隨你，等到你有知名度後，利益就會跟著產生；你可以運用知名度來進行一系列具商業價值的活動，例如出書或代言等，這些都可以憑藉著網路達成。

「砂石雖小，大地之母」意思是指：所有土地的基礎，都是由小石頭開始堆積而成，不要小看一件小事在網路上的力量，只要你每天持續的做，時間一久，你在網路上就有一定的號召力；這些觀念應除了應用於撰文創作上，也可以運用在公司的網路商業模式上。

促成消費者產生購物行爲的，往往是從感性出發，而不是從理性出發；專家的代言能在關鍵時刻增加消費者信心。然而，要如何成爲衆人心目中的專家？

從小事情開始做起！廠商可以在產品有關的論壇上解決消費者問題；例如，販售嬰兒用品，可以在類媽媽寶寶親子論壇，發言協助新手媽咪解決問題，在這些新手媽咪心中，建立起你的專業形象，未來要推薦銷售相關產品，也會比較好推動。

「砂石雖小，大地之母」正是形容在網路環境中，任何一件小事，都有可能產生極大影響力，前提是你要持續不斷地去做，畢竟任何大地基礎，都是從小石子開始建立的；只要努力持續不斷地做，未來，您也會在網路上產生一定的知名度，有了知名度後，就能產生影響力了。

TIP

網路世界凡走過必留下痕跡！只要持續不斷經營，總會有開花結果的時候，要何時開花結果，就要看你投注了多少心力，投入愈多，當然回報就愈快。在網路上，經營任何的小事，最終都會回報在你身上。

25

物理其性，化學其質

利用網路特性，善加應用不同的工具，標點符號請使用全形居中的版本視這些內容型態背後的特性，擺對地方，它的效益就會比別人大。

我一直強調，網路行銷背後的底層概念還是行銷學，網路再怎麼進步，人類最基本的慾望、購物需求，以及安全需求，是不會被消滅的。

因此學習行銷學，其實是進入網路行銷領域最快的方法，很多人都沉迷於網路工具，反倒忽略了，最基本的理論才是最重要的。

網路上新工具的誕生有如雨後春筍，這是我們行銷人必須要——克服的，畢竟，網路生態一直在變，人的消費習慣也會跟著改變。

隨著網路工具不斷推陳出新，選擇在什麼時候使用哪種工具正這些眞的就是考驗個人的智慧跟經驗，工具用的好，保證業績沒煩惱。

管理學中有一句名言：「對的人，要擺在對的位置上。」每一個人都有價值，端看領導者能不能把人才放在對的位置上。

員工如果放在對的位置上，便能發揮長才，爲公司增加業績及效益，如果員工放在錯的位置上，有可能拖垮工作效益及公司業績；因此，將對的人放在對的位置上是非常重要的。

以公司治理層面來看，將對的人放在對的位置，這句話已成爲經典。將對的人放在對的位置上，眞的可以爲公司帶來長遠效益；那麼如果將這個概念放在網路行銷上，會有什麼意義呢？

我覺得，將這個概念發揮在網路行銷上就是——從網上，找到對的工具，製作對的內容放在適當的平台上，這樣將能產生事半功倍的效益。

也許有人會質疑：「難道工具還有分對錯嗎？」這裡的網路工具，並不單純指某種軟體，而是泛指網路上所有的網路工具。

目前網路上的工具視傳輸內容型態可大略分成：圖片、影音、文字，甚至簡報等，選對好的工具，可以讓你快速產生網頁內容，有時甚至不用太複雜的步驟，就可以達成你想要的成果。

如何選擇網路工具？

如何適當選用快速且便利的網路工具？我們有幾點建議。

一、要適合自己。很多人在選擇網路工具時，都認爲只要有名就好，其實沒那麼複雜，所有網路工具的使用，第一要件就是自己要會使用，有時候簡單的工具，也可以創造出很好的效果，在選擇網路工具時，千萬記住！一定要挑自己能使用的，不然你買再貴也是沒用。

二、貴不一定好。網路工具應用，是讓自己使用得舒服，而不是迷信品牌效應，有時，網路上的免費工具，甚至比付費軟體還好用，找到價格合適，並且自己喜歡的網路工具，比買一堆複雜且貴的工具，還來得有效率。

三、多多尋找。網路工具推陳出新，什麼時候會推出讓你更節省時間的工具？沒人會知道！你只能多多尋找適合你，並能爲你節省時間的工具，讓這些工具發揮極大效能，提昇你工作效率。

四，多看英文。有人會問說，這跟英文有什麼關係？我一直在強調，大多數的網路工具都是外國人所開發的，它的使用說明，是半是英文，在網上的教學應用，也幾乎以英文爲主。

要學好網路工具，必須排除對英文的恐懼感，很多細節操作，要看使用說明書才能發揮最大效能；現在網上有很多翻譯工具，讓大家在英文閱讀上效率提昇許多；總之，別懼怕英文，從現在開始研究網路工具，你也可以變成一位網路工具達人。

選擇對的工具，製造優質內容，接下來就是要尋找適當的擺放位置。目前在網路上最吸睛的，依序是影片＞圖片＞文字，影片永遠是最吸睛的，它也是最複雜的內容產出型態。

在這個網路時代，要產出高品質的影片，才能吸引大家的目光，但高品質影片並不是隨便拍拍就有，須經由縝密的步驟製作：從撰寫劇本、角色挑選、影片拍攝、後期製作等，影片雖然可以快速吸睛，但是製造過程可是很麻煩的。

目前在台灣市場通用的影音平台以 YouTube 跟 Facebook 兩種較爲普遍，大陸則是有抖音 Tiktok 等。影片雖然是最快吸引目光的工具，相對的跨入門檻也最高。高品質的影音內容，製作其實非常花時間，如果沒有專門的製作團隊，我們通常不建議廠商將資源投入在影片當中，畢竟台灣市場的影片行銷還不是那麼風行。

圖片在網路上傳遞擴散的速度雖然不如影片，不過它的製作成本相對於影片卻低了不少，好的圖片要能被瘋傳，除了選對圖案，也要搭配吸引人的文案，才能讓圖片被大量轉載。

基本上，只要能操作基本的繪圖軟體或簡報軟體，就可以產生出吸引人的圖片；在圖片的製作上，你必須大量去嘗試，才能找出消費者偏好的風格，才能在適當時發揮出最大的效益。

目前台灣適合傳圖片的平台就就屬於 Facebook 爲主，台灣大多數人都使用 Facebook，然而隨著世代轉移，多數的台灣年輕人，最愛用的是 IG，它具有隱秘性，可以限定好友觀看照片，不過是否能取代 Facebook，作爲主要宣傳工具，則有待考驗觀察。

由於現代人習慣看到廣告圖片，直接選擇忽略，因此廠商可以考慮將 IG 當成形象宣傳工具，運用 IG 充斥大量圖片的特性，來散播相關的產品跟形象照。個人形象品牌如：網紅、模特兒等，則是要善用 IG 來宣傳自己與作品，這樣才能增提升客戶信心。

文字內容的撰寫，永遠是成本最低、回饋效益最大的。只要有網路，隨時隨地在鍵盤前就可以撰寫文字，成本最低，進入門檻最低，唯一的缺點是，文字回饋所需的時間卻是最長。

身處在網路快速變遷的倍速時代，現代人接受的資訊量呈現爆炸式的成長；每個人每天要在網路上處理大量文字資訊，你的文字若不夠吸引人，是無法吸引消費者目光的。

最初，你的文字能吸引到消費者，靠的是運氣，畢竟，你不知道消費者喜歡什麼，偏好的文字風格是什麼，你只能大量去嘗試，大膽去揣摩，才能找出屬於你自己的文字風格，來吸引消費者。

台灣目前存放文字的內容平台，除了知名的痞客邦外，Facebook粉絲團也是一個適合的發布管道；這些內容平台都是免費的，如果可以，我會建議優先建立自己的網站，同時將自己的文字內容，放在內容平台上，這樣才是最安全的。

「物理其性，化學其質」主要是講述，網路上不同的內容，要根據不同的平台擺放，才能發揮最大的效益。目前網路內容型態不外乎影片、圖片跟文字這三大類，挑選適合的平台發表，才能發揮最大的功效。

然而不管你選哪一種，每一種都需要大量的產出，才能看見明顯的效益，不是隨便寫一、兩篇文章，製作一兩部影片跟貼圖，就能帶來效益的；最終，還是需要大量的產出跟長久的經營，才能獲得良好的名聲與利益。

TIP

除了善用網路工具外，產品也是一樣；不同的產品，有不同的網路行銷模式，並不是一窩蜂跟著潮流走就能成功。先研究產品特性，再從網路工具及平台中，找到適合自己曝光的管道及手法實行，這樣才是最有效率的作法。

網路行銷36計

26 情資於行，供其所變

掌握情報資訊的重點在於本身動態，根據動態，規劃不同的行銷策略。

例如：見機行事，隨機應變。

在大學有一門學科叫做資訊管理，是結合資訊科技應用在管理學上，主要還是以管理學爲基礎，探討人類許多新商業行爲。也就是因爲這門學科，讓我對管理學有了興趣。

筆者在報考研究所時，選擇了商業管理相關學科，研究所的訓練，大多數以分析統計數據爲主，這讓我在分析統計數據跟管理學方面，有了很大的進步。

台灣在 2016 年左右，提出了雲端跟大數據應用的概念，也因爲強調大數據應用，很多廠商都覺得大數據似乎是個可行的工具，但因爲概念太模糊，卻也讓許多人不知道該怎麼去執行。

更有人抱怨，投入大數據工具後，卻不知道該怎麼去應用，也不知道統計出來的數據情資要怎麼應用在商業活動中。

大數據資料，我們可以視爲是一種情報收集。很多人認爲情報收集完，就可以得出一個商業數字，再根據這個商業數字，去推論一些事實。

這個邏輯，基本上是正確的。因爲數字本身眞的會說話，數字基本上不會說謊，由所推測的結果，準確率大概可以達到 70%~80%。

數字會說話？

既然如此，爲什麼還是有很多人覺得，大數據情報應用很難做呢？這其實可以分爲幾個方面來探討。

一、資料準確性資訊管理很強調資料準確性，所以資訊管理有一個很熱門的名詞叫做 GIGO（garbage in garbage out），中文解釋就是「垃圾進垃圾出」，你所輸入的資料如果沒用，輸出結果也一定沒用，不要渴望只是輸入大量資料，就能產生你想要的結果，如果你輸入的是垃圾，產出的也是垃圾。

既然如此，爲什麼我們還要輸入？因爲在電腦運算裡面，你輸入的只是一串數字跟資料，這些輸入資料是一大堆數字，有時候，你根本不清楚你輸入的是什麼東西。

這些資料，有些是從網路抓取，有些是別人提供，甚至，有些可能還是透過非法途徑取得，因此輸入資料的準確性，真的沒有人敢 100% 保證，除非你很清楚資料來源是你親自收集，也非常確定資料傳送途徑，沒有經過任何人爲操作，這樣或許可以提高資料的準確性。

二、資料處理過程這樣大量的資料，透過人腦是無法處理的，必須具備資訊科技來處理資料，然而處理資料的過程，並不是你單純投入資料，就會產生結果。

在資料處理期間，還要對資訊科技有相當研究，下達處理資料正確的指令及演算，這樣才能確保呈現的資料結果無誤。其中，正確的指令跟演算法，必須靠經驗累積來判斷，這不是短時間就能促成的。

三、資料判斷的準確性資料如何判斷解讀是非常重要的，電腦運算終結所呈現出來的，只是一個數字結果，這些必須經過人腦的判斷解釋，經過語言的呈現，才能發揮資訊的良好作用；否則，電腦最終產生出來的，還是一個統計數字。

這就是很多人對數據情報應用，會覺得非常困難的主要原因。因爲光處理過程，就要許多繁雜的步驟，沒有想像中那麼單純，並不是隨便將資料輸入，就能產出想要結果……大多數的人一投入大數據處理工程之後，才發現事情沒有想像中那麼簡單。

很多人都會忽略，當資料處理完產出稱之爲「資訊」的結果後，這些資訊可以用來當作情報，當資訊變成情報時，情報應用就很多元化。

情報的應用是一門專門學科，如果要討論必須花很多章節，因此在網路行銷上，我們只講一個重點，就是——情報，儘量不要把它當成是靜態使用，要把它當作是動態使用。

很多人在這提出質疑？ 什麼是情報靜態使用， 什麼又是情報動態使用？

情報靜態應用，就是情報結果呈現出來後，分析者根據情報來分析並判斷相關情勢，並且提出相關建議，這當中不會考慮到環境以及其他因素變動，例如：天氣預報就是一種情報靜態運用，氣象局運用電腦運算出來的結果，來判斷天氣及雲層的變化。

關於情報的動態使用，相對就比較複雜一點，使用步驟可以分爲以下幾個步驟：

一、根據不同的環境變數，輸入不同的指令跟演算法。

二、產生出來情報資訊，需要搭配當時政策法令，去擬定適合的行銷方案及策略。

三、相同的情報資訊，運用在不同的公司，也會因狀態差異而產生不同的行銷方案。

由此可見，情報動態使用，沒有絕對結果，是隨機而應變。

「情資於行，供其所變」強調情報的正確性以及情報的使用情況。情報使用，不是單純得到報告，就發展出相同形象策略或方案，而是得根據不同的環境因素，不同的公司政策等，發展出適合的策略及方案，這樣才能活用情報，提昇公司的競爭力。

你手中有沒有握有一些專門收集數據的網站？很多時候，網路行銷需要靠數據來驗證，並規劃相關行銷策略，有了這些數據，才能讓你的行銷策略更加完善。

27

網路行銷36計

雲聚於天，廣爲天下

雲在於天，是由許多水分所匯聚，也因爲聚集變得強大，因此能遨遊天下。

網路世界是個很神奇的地方，只要用對方法，加上適當的手法操作，它眞的可以免費幫你宣傳，而且是24小時不間斷、不休息的幫你宣傳產品，這就是早期的網路生態。進入電子商務市場，透過網路，廣告商 24 小時都在打宣傳廣告，連你睡覺時都在幫你做生意。

這是理想狀態，網路是一個地球村的概念，每個人一旦連上網，不管你是身在亞洲，還是南美洲，你們都有可能接觸、認識、交談，更何況是做生意。

隨著網路科技的進步，人們使用網路習慣正在改變。早期網路往往只因應特殊目的存在，例如：公司網站——用來展示公司產品及背景；入口網站——提供大量資料給網路使用者；搜尋網站——它只是提供一個搜尋介面給網路使用者等；這些都是爲了特殊目的而存在於網路環境。

在早期單純的網路環境下，廠商只要針對特定網路環境，宣傳公司的理念或產品，就可以爲自己帶來獲利；也因爲早期的網路環境單純，廠商在網路行銷預算上，不會投入太多，因爲，宣傳管道受限，相對成果也一定有所限制，故廠商比較不重視網路行銷這個領域。

隨著網路逐漸改變人們的生活，現代人 生活幾乎離不開網路，廠商也開始注意到，在網路上曝光，機會也跟著越來越多，不再像以前只受限於幾個網站。

於是乎，早年廠商一開始常常亂投廣告，或是利用軟體，盲目的大量加好友，藉此傳訊曝光自己，導致很多消費者被迫接受廣告垃圾，造成很多人困擾。

這種亂槍打鳥的廣告手法，不會維持太久，因爲這樣的手法，僅會造成消費者負面觀感，廠商經過一段時間，也會瞭解這一點，逐漸不再使用這種廣告手法。

廠商此刻就會困擾，那麼要如何密集且能正確地曝光自己，又不會引起消費者反感呢？這樣的矛盾讓廠商頭痛不已。

「雲聚於天，廣爲天下」——這裡指的雲，就像商品或者網站資訊一樣，在任何地方，它都可以曝光產品內容。比方說，你到任何地方，都能看到困擾你生活的問題解決文宣，讓你產生興趣，吸引你的目光，再找適當位置，曝光產品資訊，解決你的問題。

你可以網路上、任何地方都能看到相關產品內容，除了從廣告下手，也會從關鍵字下手，同時也可以從社群下手。

只要在網上任何能曝光的地方能不著痕跡的有計畫埋入資訊，就能鋪天蓋地，曝光自己的產品內容，這些曝光機會，既不致造成消費者反感，也能得到行銷宣傳機會。

別讓顧客討厭你

那麼要如何大量曝光而不會造成消費者反感呢？換句話來說，你要找尋對的消費者，或是找尋對的曝光管道，這些都有方法可遵循，下面我們就分享幾個經驗，分享讓大家可以大量曝光，又不讓消費者感到反感的方法。

一、**精準描述顧客**精準的描述顧客，這一點很重要！你至少要知道，你的產品要賣給誰，誰適合使用這些產品？你必須明確知道你的精準客戶在哪裡，才能投放適合的廣告。

不然，投入任何廣告，基本上都是沒有效益的。那要怎麼找出精準客戶呢？透過行銷學或每個產業裡的經驗法則，在這我們就不多說了。

二、**找尋相關論壇**每個產業，大多都有相關論壇，這些只有在業內專業人士才會知道的園地；某些論壇，你不認眞找，還眞不知道！網路上存在著許多我們不認識的論壇。

論壇的廣泛定義包含了：Facebook粉絲團、社團、討論區，以及任何相關討論網站等，只要跟你產品相關的網站，就是你曝光管道。

三、**勿發大篇長文**很多人發廣告文，都會長篇大論，然而大家身處資訊過載的現代，長篇文章已經不符合現代人的閱讀習慣。

如果要打廣告，文案最好經過設計，以避免消費者看到長篇廣告文，就直接刪掉。

四、設計廣告文案身處於資訊超載環境，如果文字不吸引人目光，很快就會被人們遺忘忽略，廣告文案如果經過設計，當消費者看到第一眼，就能引發注意，這樣才能吸引人繼續閱讀，你的廣告曝光才能達到成效。

這一系列步驟，從一開始找到精準客戶，到最後的撰寫廣告文案，都是息息相關的。

只要精準將客戶描繪出來，就能根據客戶樣貌，去找出相關論壇，可以針對精準客戶，撰寫適當的文案，提昇產品廣告曝光機率，達成良好轉化率。

「雲聚於天，廣爲天下」講的正是：產品廣告只要用對方法技巧，可以像雲朵一樣環繞天空，當雲聚集起來，就可以形成聚集效應，代表廣告能大量曝光，當大量廣告曝光，還不會造成消費者困擾，這樣產品一定能大賣。

TIP

在進行網路行銷方案時，你是否曾想過，要如何有計劃性的曝光？這裡的曝光，當然不是讓你亂投廣告文宣，計劃性曝光指的是：你是否妥善設計廣告文案，在適合的網路論壇群組中投放？或是在網路發表言論時，留有你的連絡資訊？這些小地方，都是你未來成功的細節。

28

網路行銷36計

飛鷹翱翔，何需振翅

老鷹飛翔，無須不停振動翅膀，可以運用強大資源（人脈），借力使力，大展鴻圖。

現在的網路環境，不像早期那麼單純，早期的網路環境，只是單純用來傳遞訊息的工具，所有資訊都藉文字傳達，當時的流通媒介，也限於文字，像早期的 MSN、BBS、QQ 等。

這些都是早期網路熱門的社群工具，人們甚至使用文字拼湊簡單圖案，來傳達情緒，借用文字來發明一些專用術語，例如：蘋果麵包代表衛生棉，小玉西瓜則是代表滿腦子黃色思想。

網路進步，使用者需求也變得越來越複雜，光用文字傳遞已經無法滿足現在的使用者需求，現今的資訊傳遞，大多都包含了動畫圖案，如果你傳遞資訊不夾帶符號，很難吸引網民目光。

如此也讓廠商越來越困擾，網路廣告內容如果不花俏，就無法吸引人，網民胃口也漸漸被養大，如果你的內容跟文案未經縝密設計，大多數網路用戶，很可能對你的廣告內容視而不見。

網路環境越來越進步，廣告的呈現手法也越來越花俏，可是，這些操作手法卻一直不會改變，變的都是工具跟技巧，換句話說，廣告內容只會變得越來越花俏，本質卻越來越簡單。

在廣告操作手法中，散播手法跟操作邏輯，不會變動太大，如何讓廣告快速傳播，從古至今的重點沒有改變，如何藉由別人或是借網路傳播，讓你的廣告內容或產品內容，可以快速讓多數人知道，還是有一定的技巧跟手法。

「飛鷹翱翔，何需振翅」，從字面上來看，意思是老鷹若要展翅飛翔，不用疲於揮動翅膀，只要輕輕一帶就可以趁勢御風而行。

在網上御風而行

同樣的道理，請想像，若要在網上創造話題宣傳自家廣告，只要用對方法，自然而然的就會有人幫你宣傳，在這裡，我們分享一些經驗以及手法，提供給大家爲參考。

一、搭配話題要讓民衆免費幫你宣傳，搭配時事或話題，是一個最有效的方法；因爲時事話題，是消費者討論最熱切的，只要抓住好時機，搭配熱門話題時事，將你要宣揚的產品理念，置入在文章中，民衆就會免費幫你宣傳。

請特別注意一點，時事和話題有時效性，如果不把握機會，很快就沒有效應了！因此行銷人員一定要注意，社會上有哪些熱門話題？儘量運用這些話題熱度，來宣傳自己產品理念。

二、善用三好這裡的三好，指的是好用、好笑與好感動，好笑以及感動，這是人類最直接的基本情感。

你想宣揚的理念或廣告文案，可以用搞笑的方式來呈現，只要有趣，就會有人免費幫你推廣，如果能感動到人心，網上就會有消費者免費幫你宣傳。

好用則是提供有用資訊，適合每個人或某個群體，是一體適用的資訊。例如：每年年終，台灣都會有許多單位推出隔年連假資訊，讓網路使用者可以大量取用，也有些人運用年假資訊，推出連假旅遊攻略：只要在連假前後，多請兩天假，就能形成一個小長假……這些資訊適用於普羅大衆，只要好好運用這些方法，網上還是有很多人可以免費幫你做宣傳。

三、持續經營用對方法，抓住時機！網路可以幫你免費宣傳，而且宣傳力道不小，有時，會創造出驚人效果。麻煩的是，你無法預測搭配哪個話題時事，才能讓你達成效果。

哪一天你會不會因爲什麼話題貼文突然爆紅，其實是無法預料的，你也不知道要寫什麼文案，才能吸引消費者注意？因爲消費者的習慣隨時都在變，你唯一能做的就是持續經營，經營自己的網路形象，需要多方嘗試，才能知道消費者要的是什麼？這些都是需要時間去累積的。

也許有人會質疑，花了這麼多時間投入、累積，投入的成本符合比例嗎？還要做網路行銷嗎？答案依然是肯定的。

網路訊息瞬息萬變，只要你用對方法，可以透過網路免費幫你宣傳，但若你不花時間試著去瞭解消費者，不經常演練，等宣傳時機一出現，你很可能就錯失良機。網路的傳播，往往出乎你想像，只有持續的做才能創造出一些成果，你永遠不知道下一個網路之星，會不會就是你？

網路上資源及人脈很多，你有做好這些資源及人脈管理嗎？資源及人脈維護要從平時做起，唯有平時維護功夫做得足，當有天你開口請人家幫忙，對方願意幫你的機率才會提高。

29 素人出頭，更勝名人

找名人代言，不如找一百個素人，更具有說服力，因爲名人代言會收費，素人不會。

筆者接觸網路行銷這些年，因為顧問身份而認識許多人，也因此結交了許多廠商朋友，從事保險業的阿蘭姐，從學生變成我的事業合夥人，也因為她的出現，讓我對網路行銷有了更深入的研究。

為什麼呢？要把她教會，必須要有高深的教學功力，也因為要教會她網路行銷概念，讓我的教學技術更上一層樓。

有一天她來找我，說要代理一個咖啡產品，準備找明星來代言，不過明星代言費很高，因為行銷預算不足，她來找我討論該怎麼做。

我回問她，為什麼要找明星代言？她說：「有名人加持，效果不是會更好嗎？」我答：「這是對的。畢竟，明星光環有月暈效果，有很多消費者，就是看到明星代言，才去購買產品。」

但我請她思考一個點：「有明星代言是否就能達成銷售期待呢？」她回答說：「我也不確定，總覺得有名人代言，會比較有說服力。」我回答；「那是在現實世界有用的做法。」

在網路世界，明星代言有時反而達不到預期銷量，我建議他，把明星代言費用，分成 10 等份或是 20 等份，分別邀請不同產業知名的部落客來代言，效益搞不好還會比較好。

管理學上有一個名詞叫「月暈效應」，就是在知名人物身上，或美女帥哥身上，會產生光環，讓旁人誤認他的能力，能跟他的外表畫上等號。

這也就是為什麼許多業務員，出門都西裝筆挺，希望藉此給人專業的印象。產品代言也是一樣，如果請明星來代言，消費者會認為連明星也在用，就有一定的品質保障。

這就是為什麼許多產品會花大錢找明星代言的主要原因，畢竟，明星光環在現實世界中，總能見效！但是，這個定律，在虛擬世界並不是每次都能成功。

有時候，素人效應會比明星光環更有用。每個領域中都會有網路達人，這些達人或許沒有高學歷，也沒有明星光環，不過，他們卻有一批忠實擁護者，透過這些擁護者，有時能爲廠商帶來可觀的銷售利益。

請明星代言的代言費，少說也要數百萬起跳，但明星代言，並不能保證產品銷售額。

廠商在請明星代言時，除了精挑細選外，也需考慮明星形象，跟代言產品是否相符，百萬代言費一旦投入，如果沒有創造銷售佳績，廠商其實是蒙受損失的。

在網路虛擬世界，請素人代言不用數百萬，有時只要數10萬就能讓素人爲你代言。

今天假設廠商準備請一位明星代言，要花上100萬，我們通常會評估產品特性及網路效益，評估後若覺得請明星的效應沒有實際上預期的那麼高，會建議廠商將100萬拆成10等份，邀請10位在該領域的網路達人來代言，效果很可能比單請一位名星代言還來得好。

網路上無奇不有，爲什麼素人代言，效益會比明星還來得高？因爲網路素人代表一般人，讓消費者有種親近感，不會像明星一樣有種難以接觸、高高在上的距離感。

再加上知名網路素人，通常已在網路上經營很久，也有一批死忠的擁護者，這些素人就算沒有明星光環，不過，只要同時找10個網路素人，創造出來的網路品牌效應，不會比明星代言差。

「素人出頭，更勝名人」意指請素人來代言，效果更勝名人。通常名人代言，消費者會直覺名人收了代言費，必須要講產品好話，如果產品有缺陷，名人可能會隱瞞。

拿人錢財，一定要幫說好話！但這點在網路素人代言時，可就不一樣！網路素人之所以會有名，是因爲他在網路上已建立了一定的信任感，消費者會認爲，這些網路素人推薦的產品，不會差到哪裡去。

大多數網路素人代言產品，都親自使用過，消費者多半相信，經網路素人親身使用推薦，品質會有一定程度保證。

這就是大多數美食部落客，到最後往往會接很多餐廳業配的原因，因爲有美食部落客掛保證，消費者較不容易踩到地雷，消費者也比較有意願去消費。

無論是名人還是素人，在網上都有一定的知名聲量跟支持度，沒有一定支持度，是無法在網路上生存的；所以，到底要請名人或是素人來代言？這則是看每個廠商的產品特性。不同產品，有不同操作手法，名人代言效果，不一定會比素人來得好，素人代言，只要好好運用網路聲量，創造出來利潤，大多數會比名人還來得好。

TIP

網路時代，素人發聲常有超乎預期成果，要如何選擇素人代言、以及如何包裝素人跟產品，則考驗行銷人的功力，好好運用網路知名素人，帶來的經濟效益，不會比請名人代言差哦！

30

專業之事，只用達人

相信專業，專業並不廉價，找到眞正的專業人士，必能會爲企業帶來獲利。

筆者從事網路行銷多年，有時會遇到一些奇奇怪怪的廠商，並不是說這些廠商不好，網路行銷本來就是一種數位概念，要說服觀念傳統的客戶，並不容易。

有時，想讓傳統廠商接受數位概念，眞的需要一段時間適應，尤其要說服早期傳統製造業思維的廠商，讓他們接受資料全面數位化，這個眞的有難度，方法好做，工具好找，但觀念才是眞正最難轉換的。

網路行銷在台灣，這幾年才漸漸火紅起來，但仍有不少人沒有網路行銷的概念，這些人總認爲：我只要把東西做好，品質有保證，再靠業務去拿訂單搶訂單，自然而然業績就會好，爲什麼還要行銷？

這樣的觀念在早期的台灣或許適用，但我們現處全球網路化社會，很多產品資訊，從網路上都能找得到，大多數產品也很容易找到替代品，如果不做行銷，眞的很容易被人家取代。

台灣早期以製造業起家，大部分傳統製造商，還是停留在早期觀念，要求他們提供行銷預算，基本上不太可能；就算好不容易編列了行銷預算，成效卻要好長一段時間才能顯現出來，這對製造商思維的人來說，往往是難以認同的。

很多人認爲網路行銷很簡單，不就做個網頁，建立個粉絲團，然後發幾篇文章，再用 line 社群軟體，建立個 line@ 就是在做網路行銷了。

爲什麼還要花大錢編列行銷預算？與其編列行銷預算，倒不如，多請幾個業務搶訂單，只要訂單量一多，生產線一開工，就可以薄利多銷，這樣就可以賺取利潤。

我還是要強調，這樣的觀念說來沒錯，只是得看適不適用於現在的環境。製造業思維在早期還能適用，但現今的網路環境，大量生產降低售價的思維，敵不過勞動成本更低廉的中國大陸，製造業思維已經無法適用於台灣環境了。

奉勸有製造廠商思維的老闆，一定要轉換觀念，轉換腦袋，才能突破現今困境。

現在的商業環境打的是團體戰，單打獨鬥已經行不通，也不太可能獲得巨大利益。

團體戰必定成為未來趨勢，未來強調的是資源整合，看誰能將資源整合效益最大化，才是最大贏家；不同分工，交給各領域的專業人士，將產生最大效益。

有時，專業這件事情很難判斷，因為部分專業無法立即可見，像行銷、廣告文案、專案改革等，這些專業，必須要由時間去驗證，才能看出效果。

眞假專業人士？

台灣現今的環境，常見不尊重專業的人，畢竟，行銷專業成效需要等待時間驗證，再加上市場上總有人為了利益而冒充專業，讓廠商擔心害怕，把事情交給這些所謂的專業人士，是否眞能達到成效。

上述結果，造成了台灣市場的資訊落差，好的行銷專業人士無法獲得合理待遇，廠商想找專業人士也擔心找到市場上充斥的許多偽專業，到底要如何才能判斷，自己找到的專業人士，能否符合自己的需求？有幾點建議提供各位參考。

一、踏實專業人士通常有多少本事說多少話，不會給公司畫大餅。畢竟出來江湖混，早晚都會相遇，如果把廠商的生意做差了，對專業人士的聲譽可是種損失，再加上「凡走過必留下痕跡」，現在所有訊息都能在網上找得到，愛惜羽毛的專業人士不會拿自己的信譽開玩笑。

二、提案任何有規模的行銷公司，在雙方合作時都會進行正式提案，等案子提出來，對提案公司有一定瞭解，才能繼續合作。初步的規劃，正體現眞正的專業價值，因此眞正的專業人士多半不會先約你出來見面，再講合作方案，而會在提案前事先瞭解廠商需求，見面時就是提案的時候。

三、規劃專業的行銷公司，會根據廠商的需求，提出不同時程規劃，例如：網站的製作、關鍵字的規劃、文案的曝光等，這些都有時程表，針對不同的廠商需求，製作不同行銷方案。

這樣一來，可以讓廠商知道，廠商狀況、專案進度、何時完成等，讓廠商可以評估，投入的行銷資源，是否能產生對等的效益？

想在網路行銷領域，闖出一片天，一個人單打獨鬥，是不太可能成事的，必須結合多方資源，才能闖出自己一片天，把自己不擅長的事，交給專家來做，能節省許多時間，也可以增進許多效率。

這件事情，說起來容易，做起來卻很難；因爲，你還需考慮到各領域資源整合，以及時間效率，專家之所以成爲專家，一定有其厲害之處，這些專家進行資源整合，本身的協調能力，也要相當優異。

「專業之事，只用達人」是指不同專業有不同達人，運用這些達人，可以節省你的時間效率，也可以爲你創造經濟價值，透過網路，與你合作的專案達人，不用在同一個地方上班；搞不好全世界的人都是工作夥伴，只要好好運用網路特性，將全世界的達人整合起來，必定能會爲你創造許多價值。

培養專業非常不容易，也因爲效益很難量化，不懂的人，就會覺得沒什麼價值。眞正專業的技能無法短時間內培養，當你接觸到陌生領域，是否能運用網路力量，來判斷什麼才是眞專業呢？網路上資訊衆多，學會如何快速判斷專業程度，也是行銷人必備的工作之一。

31

網路行銷36計

欲攻洛陽，先布探子

要攻主局，得先布探子來探聽局勢，再運用探子情報，來發展未來計劃。

我一直強調，網路行銷是行銷的一部份。從事網路行銷，一定要瞭解行銷學，因為它是一個完整學科，能讓剛接觸網路行銷領域的初學者，理解整個完整架構，再學習利用眾多工具來規劃；這樣在從事專案時，能先有通盤的概念，再循序使用工具規劃，比較不會不知所措。

筆者在外演講時，經常遇到學生表示想創業，想將腦海中的新創意開發實踐。

這時我總會問：「你做過市場調查嗎？這是你單方面的想法，還是市場眞有需求呢？你在網上仔細研究過相關資料嗎？」

很多人聽到我這麼問，才恍然大悟，吃驚地看著我，原來事情並沒有想像的那麼單純。

在外演講時，我經常提及一個觀念，不論是創業或執行各種專案，仔細調查數據是非常重要的。

雖然這是一件很繁瑣的工作，不過仔細進行數據調查，可以有效降低你的失敗機率。很多人在創業或從事網路專案前，都忽略了這個動作，導致專案未能如預期中發展，或未能如想像中那麼順利，往往手忙腳亂，最終宣告失敗居多。

為什麼事前進行市場規劃調查這麼重要？很多人以為，看到商機創業要搶時機，必須馬上投入，至少先卡個位，避免商機被別人搶走，等做完市場規劃跟調查，不就太慢了嗎？

我通常會這麼答：「如果你是一次投入兩、三千萬創業，你敢什麼都不做就直接投入嗎？」不少人聽完之後陷入沉思，為什麼？千萬投資就要詳細規劃，二、三十萬就不用呢？況且在這個年代，很多網路資訊都是免費的且馬上可得的，為什麼不好好運用呢？

古書《中庸》裡有句話：「凡事豫則立，不豫則廢。」這句話告訴我們，凡事都要詳細規劃，先詳細規劃後，事情才能按部就班，一步一步朝著目標前進，在規劃前，蒐集相關情報，是很重要的。

當你蒐集完相關情報，才能根據狀況，去規劃執行步驟及方法，也能根據情報，來擬定行銷策略；可見，情報收集，在網路行銷中相當重要。

很多網路行銷創業者，不管是接案子，還是自己打算在網路上販賣商品，多忽略了一件事，那就是蒐集相關情報，為什麼多數人都忽略這件事？

除非你本身是企業經營管理或行銷管理等科系出身，受過完整的觀念教育，不然就是你從事網路、廣告、行銷工作多年，透過自身經驗深切認知事前蒐集情報的重要性，否則，大多數人其實都沒有相關概念。

「欲攻洛陽，先布探子。」探子，是古代專門從事情報收集、傳遞工作的人，古時候將軍在打仗前，會先派探子潛伏各地，以利情報傳遞。

畢竟，知彼知己，百戰百勝。當你掌握的情報越多，戰勝機率就越大；就算是古代戰爭，情報蒐集也是非常重要的一環。

這時有人會問：「難道我們做網路行銷專案，還要花錢請人去蒐集相關情報嗎？這樣成本不會太高嗎？」

多數民眾沒有足夠的行銷預算請人調查相關情報，不過，現在網路技術進步，很多資訊自己上網就搜尋得到，不用再花錢購買或請人調查情報。

如何蒐集專業情報？

然而網路上資訊那麼多，如何才能蒐集到有效的情報呢？這些情報，不能偏離主題太遠，免得徒然浪費時間，到底該如何快速正確的收集情報？我們有幾點可以參考。

一、找尋關鍵字很多人在這裡就會卡關，為什麼蒐集情報，還要找關鍵字？

這裡的關鍵字指的是，產業內關鍵字。當你接到了某廠商的網路行銷專案時，你很可能根本對這個產業不瞭解，因此，透過找出產業關鍵字，你才可以藉此找到更多相關的情報，不少情報網站，也是要使用正確的產業關鍵字，才能找出相對應情報。

二、找尋情報網常言網上資訊非常多，人人可以快速找到相關資訊，但這個假設的前提是：你要懂得去哪裡找到所需資訊。如果你懂得去哪裡找資訊，在網上找情報就非常容易，不然，你只會浪費時間，找到一堆無關緊要的資料。在這我來介紹幾個可以找到有用情報資訊的網站：

★ Google trend（https://trends.google.com.tw/）：這是許多人經常使用的網站，在這裡你可以瞭解，產業關鍵字趨勢，看消費者在搜尋關鍵字詞時，有哪些熱門？哪些成長？哪些是最多人使用？以便進行網路行銷專案時，提高 SEO 規劃效率。

★政府資料開放平台（https://data.gov.tw）：這個網站是政府機構，只要有關台灣政府統計之公開資料，大多數都可以在這找到，這些資料，都屬民眾生活消費的統計資料，大多經過官方統計，可信度非常大。

「欲攻洛陽，先布探子」主要講述，在進行任何網路專案時，最好先收集資料，根據蒐集的情報，加以分析思考，分析思考完，再進行行銷策略及方案規劃，以提高行銷專案完成度，降低專案失敗風險。

網路行銷領域中，蒐集資料是一門很重要的技能，除了分享自己的產業優勢外，你也可以分析客戶產業優勢，跟客戶競爭敵手資料，透過這些來抬高自身優勢。你手頭上，是否備妥幾個收集產業數據的網站呢？如果沒有，記得趕快開始哦！

網路行銷36計

32

探子回報，回觀庶民

探子回報情報應判斷資訊是否正確，必須眞正體察民意。

在上個篇幅，我們談到事先收集情報的重要性，在執行任何專案前，我們一定要先收集相關情報，才能根據情報，來製定行銷策略及方案，這樣才能提高專案的成功機率。情報，在任何專案中，都非常重要。

也因此，情報的正確性，更是再重要不過了。或許有人會質疑，難道辛苦收集而來的情報還會有假？

按照邏輯而言，只要你從合法管道收集情報，基本上，得到的資料自當正確無誤，只是情報本身是否客觀？這就見仁見智。

那麼到底還要不要進行情報收集？如果費時收集情報，收到的情資卻不一定正確，那幹嘛還要浪費時間、浪費資源跟財力去蒐集情報呢？

這裡筆者必須澄清，資訊的呈現就是一堆統計數字，資料本身沒有對錯，但統計數字前的樣本抽查跟統計數字後的人爲判斷，都是人爲解讀；所以，情報收集還是得做，只是在收集完情報之後，還要用常識跟邏輯去判斷結果是否符合常理。

常態的情報收集流程，多半是先到各個網站、政府機關以及官方單位等，蒐集相關資料，彙整完這些資料後，製作成報表，呈上級閱覽，再從這些資料中，找出商機趨勢，行銷人員也可以從這些資料，找出消費者習性，來排定相關行銷策略與方案。

資料收集完後，還要去研判資訊是否符合現行潮流趨勢，若統計結果與潮流趨勢不符，儘管擬定再詳細的行銷策略，也不會有結果的。

如何判斷數據資訊是否正確？

要怎麼做才能判斷資料是否正確呢？這個問題，其實很難得到標準答案，因爲現今情報多以大數據爲主，只要數據資料的基數夠龐大，所得到統計結果基本上不會有錯。

除非是人爲刻意操作，不然的話是很難看出錯誤的。那麼有什麼方法可以看出情報是否有人爲操作的跡象？人爲操作的數據，除非本人公開承認，其他只能憑經驗來判斷……，我們提出幾項經驗給讀者參考。

一、直覺不符合：直覺是個很神奇的靈光乍現，它能讓你避開一些風險，大多數的直覺都是從經驗而生，當你對一項事物有足夠的瞭解或經驗充分，直覺自然而然就會產生。

當你拿到統計數據或情報時，依據經驗，如果你的直覺覺得不對勁，建議你仔細詳查，統計數據是否正確？例如：有數字研究表示，高雄人在冬天喜歡喝冰水，這個就違反人性直覺，所以就有必要檢查數字正確性。

二、調查人數少：調查人數這個名詞，我們有個學術名稱，稱之爲「樣本數」，統計學上有明確指示，樣本數愈多愈好，至少≧ 30，數據才能顯示出準確性。

當然，一般調查人數，不可能只抓 30 人，不過，爲了反映眞實情況，樣本數其實是越大越好，當你得到的統計數字，樣本數比例過小，您可能就要懷疑這個數字的正確性。

例如：高雄市人口有 50 萬人，我抽樣調查 500 個人，結果顯示這 500 人，喜歡在冬天喝冰水，若由這個結果推論「大多數高雄人都喜歡在冬天喝冰水」，這個結論的準確性是不足以做爲參考的。

三、民情不符合：很多時候，統計數據有可能跟當時的民情不符，像爲了選舉考量，政府會公佈一些漂亮的民生相關數字，這個數字你說它錯，說實在的也不一定錯。

只是會跟現實生活差異太大，讓許多人認爲是不正確數字 ，例如像 2019 年，政府公佈台灣人平均月薪爲 5 萬元，很多人都覺得這個數字與實際差異太大，多數人月薪根本未達 5 萬，大家會覺得這個是美化數字。

您說它錯，其實也不一定，這是台灣的平均月薪，每人薪水有高有低，只是比例不同而已，拿到類似的數字情報，你要學會自己判斷是否符合現實狀況。

「探子回報，回觀庶民」是指當你收到相關情報數據時，除了去判讀情報的正確性，還要去瞭解情報數據，是否眞正能反映民意。

因爲調查的數據結果，全都是冷冰冰的數字，眞正還是要以民意跟趨勢爲依歸，只要掌握住眞正的民意跟趨勢，就可以順勢而爲，順風而起，套句大陸早期流行的一句俏皮話，這就是「站在風口上，連豬都會飛。」

網路行銷人除了收集數據，觀察民意也很重要，尤其是網路民意；現今社會，網路民意也可以做爲判斷事實的重要依據。思考一下，要怎麼做，才能同時收集民意，又保持客觀呢？這樣才不會，讓我們的判斷出現扭曲哦！

33

都城豐收，回饋地方

獲利必須設法回饋給支持者，以求客戶裂變，快速擴散，產生影響力。

台灣人最熟悉的社群軟體，除了 Facebook 就是 Line，在台灣，大多數人手機上都會安裝這兩個 APP，很多商家的行銷模式及營銷策略，也都透過這兩個工具爲主。本來行銷策略以及行銷模式，就是根據消費者使用習慣去訂定。

筆者在外授課演講時，廠商們常反應一個問題，都會覺得行銷模式越來越難做，因爲太多人使用 Facebook 跟 Line 的行銷模式。

早期，消費者或許覺得新鮮，大多都會接受這些行銷模式，廠商們還能從中獲得利潤，但時間一久，消費者漸漸麻痺，開始抗拒這些行銷模式。

目前在台灣常見的廠商行銷模式，大致上分成兩種，一種是投放 Facebook 廣告，另一種就是建立 Line @。

台灣廠商在 Facebook 跟消費者互動，多半給消費者一點利益，然後請消費者在 Facebook 粉絲團上按讚，Line @跟消費者互動則是，給消費者一點小利益，請消費者加入廠商建立的 Line @。

這些廠商的營銷模式，已經被台灣消費者漸漸熟悉，大多數消費者，初期都會爲了小利益，而去 Facebook 或 Line @按讚，但當消費者享受利益後，可能會取消按讚退出，這樣的行爲讓台灣廠商苦惱不已。

這其實不能怪消費者，在台灣大家都使用相同的行銷模式，當每個人習慣後，一定會對這些行銷模式感到厭煩，而且大家都因爲這兩個軟體方便，四處建立群組跟粉絲團。

每個人手上都有一堆群組跟粉絲團，當資訊量超載，大家一定會挑選對自己最重要資訊接收，所以，廠商行銷的粉絲團跟群組，總是優先被消費者刪除。

這是我在外演講，廠商回饋遇到的最大問題。Facebook 的廣告費越來越貴，Line @的行銷模式也越來越難做，消費者爲了獎品加入社群，領取獎勵後就退群封鎖，這點讓台灣廠商十分頭痛。可是不做又不行，因為台灣消費者，大多數都是使用這兩種社交軟體，廠商現在正陷入這種兩難困境。

在投資理財環境中，曾經流傳這麼一句話：「不要把雞蛋放在同一個籃子裡。」要學著去分擔風險，如果把雞蛋放在同一個籃子裡，籃子破了，全部的雞蛋就沒了。

行銷也是一樣，當你把所有的行銷預算，都壓在同一個工具上，時間久了，你只能任憑擺布，因為你的所有客戶都在這裡，你也習慣了這裡的模式，因此當行銷工具要對你提高收費，你也只能默默地承受，這也就是為什麼許多軟體一開始，都是免費使用，等到你用習慣後，就逐漸開始開始慢慢收費。

很多廠商都問我：「該如何解決這個困境？」我通常會建議他們逐漸脫離社交軟體操控，並勸說「取之於消費者，用之於消費者」。

不要盲目一直砸錢做 Facebook 跟 Line @廣告，應該將這筆行銷預算，運用在消費者身上，或是將公司獲得的利潤，直接回饋給消費者，讓消費者眞正有感，培養忠誠度，這樣生意才經營得下去。

回饋消費者，這一點很多廠商，都誤以為利用特定時間舉辦折扣活動，例如週年慶、年終大放送等，就是一種回饋，但這些其實只是商業活動。。

消費者也學聰明了，他們會等優惠期間才去店裡消費；這更造成了店家惡性循環，只在特定期間，消費者才會去消費，營業額特別高，但其他時間營業額卻是慘淡。

廠商會問：「我們到底該怎麼做，才算是眞正將行銷預算用在消費者身上呢？」

讓我們舉例說明：當消費者進入餐廳用餐時，用餐完畢，餐廳老闆可以給顧客一張優惠使用券，當顧客下次帶朋友來，可以憑此優惠券，讓同行朋友的消費一起享受折扣。

這樣一來，既能確保消費者提高再訪意願，更能透過帶朋友來餐廳消費，將餐廳介紹給更多人，同享優惠更讓消費者有面子；透過這樣的方式能避免過多網路訊息，打擾到消費者，造成不良印象。

「都城豐收，回饋地方」概念等同於「取之於消費者，用之於消費者。」廠商不一定要將行銷預算，投入在網路工具上，最好的方式，是將行銷預算使用在消費者身上。

這樣一來，消費者除了可以享受折扣，也能讓廠商增加業績。很多人都錯認，行銷預算一定要投入在網路工具或宣傳上，反倒是忽略了消費者本身的感受。

其實，將行銷預算投入在消費者身上，才是眞正對消費者有利，只要消費者一享受到實質利益，自然而然，對廠商的好感度就會提昇，這樣一來，雙方面都能達到互利。

業界有不少人懂得將企業獲得的利潤回饋給消費者，在這裡要思考的重點是：用什麼回饋方式，能提高消費者忠誠度，同時提升企業品牌形象，讓雙方都可以獲得利益？

34

網路行銷36計

新興市場，計在於行

任何的市場都有商機，重點在於你有沒有駐地蹲點，瞭解當地市場。

在 2014 年淘寶剛盛行時，台灣出現一股學習淘寶平台的風潮，那時，台灣網路購物平台剛開始蓬勃發展，每一個都夢想著將台灣產品賣到中國大陸。

畢竟網路無國界嘛，況且中國大陸市場那麼大，將產品透過電子商務平台，轉賣台灣商品到中國大陸也是一個生財之道。

當時全台掀起了電子購物學習風潮，市場普遍認爲只要將貨物放上淘寶，就能成功將商品賣到中國大陸。

大家的如意算盤這麼打：將生產基地設在台灣，透過淘寶平台，將貨物賣到中國大陸。畢竟台灣商品，質量夠好、品質有保證，台灣多數店家都充滿了信心。

不少人問我意見：「淘寶到底好不好？」我直接回答：「它是一個好的電子商務平台，不過你如果要做大陸市場，最好能瞭解當地，最好本人或公司進駐當地市場。」

一旦當地有任何政策法令變動，你才能及時作出反應，如果單純只是將生產基地設在台灣，大陸一有任何風吹草動，你會措手不及，不知該怎麼反應。

共產國家跟我們最大的差別，在法律執行層面的積極度，共產政權是國家說了算，只要國家制定了法律，人民就得遵守，變動會很快。

民主國家就算制定了法律，從頒布到落實，通常還有一段緩衝時間，變動速度相對較緩慢，畢竟，頒布一條法令需要耗費許多人力物力，這就是共產國家跟民主國家，在法律異動時最大的差異。

除了此之外，大陸地大物博，不同的地方，有不同的地方人文氣候以及地方風俗，都只有當地人才瞭解。

你若不生活在當地，就無法瞭解當地消費者的生活民情，相對的，你的產品就無法順勢調整適應當地的需求，你的行銷策略也就無法擬定；這樣一來，面對大陸快速變動的環境，你的腳步永遠輸人一步，下場都是失敗居多。

當年我的這個建議一提出，很多人都不相信，多數人仍抱持著：在台生產，透過淘寶平台將東西賣到大陸的美夢。

經過了這幾年政治變動、兩岸情勢的改變，以及中美貿易戰的環境影響，當年許多在淘寶開店的夥伴，因爲無法適時調整行銷策略跟產品變數，大多都已經改行做別的生意。

總有人不解，網路行銷不是透過網路，將物品銷售到世界任何地方，那爲什麼還要派人在地駐點呢？

這個問題其實很好回答。基本上，因應產業不同，就必須有不同平台，如果今天你做 B2B（business-to-business）的貿易活動，透過網路是最好宣傳自己的方式，畢竟，訂單每一筆都是上百萬，甚至上千萬，從業務接洽，訪談到定價，過程耗費的時間較長。

基本上，擬定策略跟目標後，變動性不大，如果眞要談，變動性比較大的，可能就是貨幣匯率這些外在環境因素變動；我們這些平民百姓消費及 B2B 產業，就適合用網路來將業務推廣到全世界。

然而淘寶平台，主要的銷售對象還是大陸居民，這個平台是定位在 B2C（Business to Customer）或者是 C2C（Consumer To Consumer / Customer to Customer），意思是指，大多數購買者，都是個人消費者，而不是公司。

台灣企業除了在淘寶平台進駐外，最好是派人進駐到當地，才能快速解決消費者問題，再加上兩岸政治敏感，兩岸物流會因政治因素改變運送方式，在種種不確定因素之下，如果沒有人進駐當地，及時因應，大多都會失敗而回。

「新興市場，計在於行」說的是當你看到一個地方，甚至一個城市有商機出現，你必須到當地多走動，多瞭解。甚至融入他們的生活 ，這樣你才能知道，這個商機是否眞的可以實現，當你評估確實可行，接下來就是融入當地消費者生活，觀察因應，以減短你摸索的時間。

每一個企業領導者都曾經夢想著，坐在辦公室裡就能遙控全世界，大家也想透過網路，將產品賣到全球各地，以實現地球村美好的概念。

概念雖然可以透過網路成形，但事前的準備工作卻不能少，舉凡商場考察、環境分析、跟人口流量分析等，都要親自去一趟，才能調查明瞭，即使要透過網路操作，企業也要派遣人員進駐，才能適時回傳當地市場動態，讓企業能做出良好的決策跟分析。

人員駐地往往是許多企業的痛處，除了考驗派遣人員適應性，公司管理跟薪資，也是考量重點之一。思考一下，如果派遣真的無可避免，要如何運用網路將派遣人員的不穩定性降到最低。

35

文勝於音，像勝於文

在網路上內容傳播的速度是：影音＞文字＞圖像＞聲音

網路是一個環境變動快速的地方，過往的成功經驗，拿到現在施行搞不好會失敗！

早期網路剛開始盛行時，大家通用的傳輸介面還是著重於文字。在那個年代，內容要在網路瘋傳，就是看誰文章寫得多、寫得漂亮；只要文章精彩，就能吸引群衆閱讀，網路就可以免費幫你宣傳個人作品。

還好隨著科技進步，網路頻寬是越來越大。早期的網路技術，下載一張圖片，至少要等到一分鐘，早已不符現代人的需求。換作是現在的網路用戶，如果你的網站讓用戶等超過一分鐘，網站還未能完整呈現，用戶很可能直接離開這個網站，從此不再進入。

有很多廠商來問我，到底要如何才能讓自己的產品在網路上迅速傳播？

我常開玩笑講：「只要你帶著自家產品，在各大的捷運站叫賣，而且是瘋狂式叫賣，中間最好安排一些橋段，安插一些椿腳叫囂，讓人用手機錄影，把影片傳到網上瘋狂傳閱，次數越多、時間越久，你就會越來越有名。」

這當然是玩笑話，不過，從上面的例子我們可以知道，網路消費者的需求，已經從文字轉換成影音。

這也得歸功於網路技術進步，基礎建設完善，才能讓網路用戶，享受到這麼完善的環境，也因爲網路技術越來越進步，使用者需求也連帶的因而改變，網路用戶的目光，漸漸從被文字吸引，到現在轉變成爲被影音吸引。

廠商會問，現在網路環境成熟，是不是得在網上拍攝影音廣告，才能吸引消費者目光？

影音確實是最能吸引消費者目光的素材，影音廣告可以後製，可以增添動畫特效；從生物學的角度，人類大腦看到會動的物體，永遠會比靜態物體更來得吸引人。

台灣市場曾經一度流行影音製作教學，當時大家認爲，只要把影音內容放在網路上，就能吸引許多消費者來觀賞，想必業績自然也能提昇。

但是當廠商開始走影音這條路，才發現事情並非他們想像得那麼簡單！能吸引消費者目光的影音廣告，都是經過精心設計，從撰寫腳本、燈光運用、道具擺設、人物走位等，方方面面都是專業，並不只是手機拿起來，隨便拍一拍就可以。

好的影音廣告，需要投入大量人力、物力及資金，並不是中小企業可以支付得起，因此多數廠商，一開始興沖沖地拍起影音廣告，拍到後面才發現，投入的行銷預算不符合成本，最後大多都放棄了。

此時，不少廠商問該怎麼辦？我只能笑著回答：「從基本做起。」

隨著網路技術迅速演進，網路頻寬是越來越大，現在多數人，生活都已離不開網路，網路確實爲人類帶來了便利的生活。

因爲便利，消費者對網站的要求也就越來越高，如果網站不夠吸引人，消費者馬上就會跳離網站。現在能夠吸引消費者的網站內容元素，是以影音最爲吸引人，接著依次是文字、圖片跟聲音。

如果你的行銷預算不夠，無法在網站中主打影音廣告，你至少也應該在網站中撰寫大量文章。

雖然影音最能吸引消費者，不過，我要強調，那也得是好的影音廣告，如果行銷預算眞的有限，我通常會建議廠商在文字上下手。

畢竟，你寫好看且有用的文章，絕對可以吸引到消費者。如果文章還能搭上時事議題，絕對有免費群衆幫你宣傳，這樣一來，也不僅可以高度曝光，也可以吸引到許多消費者。

或許有人會質疑，爲什麼圖片的網路傳輸效果會低於文字？

因爲一張圖片要做得好，除了圖片畫面要精美外，你的文案標題也要夠吸引人，文案內容架構要能畫龍點睛，這些沒有一定程度的文字功力跟設計能力，是無法引起網路瘋傳的；因此相對的，因爲圖文均優的難度高，所以普遍來說，圖片傳輸的效果還是低於文字。

你也許會問：「很多政黨圖，也常常瘋傳，這些圖片的傳輸效益絕對不會低於文字啊！」這其實是可以理解的。

如果你的政治立場鮮明，只支持特定政黨，所在群組也會以單一政黨居多；加上台灣政治環境偏向政黨對立，多數政黨圖片都是以消遣批評爲主，支持群衆看到了這類圖片，情緒有了出口，馬上就會轉傳分享；這也就是爲什麼你在某政黨陣營內，總會看到取笑評論對手政黨的圖片流傳。

當你看到這些評論圖片時，目光會自然而然聚焦，但這不能說明圖片的傳輸效益高於文字，只顯示這類圖片在政治立場鮮明的同溫層裡會盛行傳播。

可是，瘋傳並不代表會帶來實際效果，大多數人還是看過就忘，忽略居多，眞正具備影響力的，還是以文章爲主；畢竟，文字能詮釋得更清楚，因此網上的資訊傳輸效果，文字還是比圖片更有效。

「文勝於音，像勝於文」意思是指，在網上要吸引衆人目光，達到宣傳效果的元素，通常是影音比文字還有效，接下來依次是文字＞圖像＞聲音。

如果行銷預算眞的不足，是所謂一人公司，可以先從文字開始做起，當你撰寫的文章數量一多，相對的，手感也會變好，接下來你就可以練習，搭配上圖片寫些文案。

如果你的行銷預算足夠，我眞心建議你，找專業的製作團隊幫你拍攝影片廣告，讓你可以節省更多時間，來達成你的業績跟目標。

雖然以網路傳播速度來看，影音是最好的，不過，這也要視產品特性而定。思考一下，如果你的產品服務要拍攝影片宣傳，你是否想好要拍攝什麼主題？時間多長？預算多少？是否有適合的團隊？當這些都思考清楚了，有利於你的網路影音拍攝順利。

36

網路行銷36計

能變就變，不通則變

網路行銷要能變就變，想辦法改變，不要墨守成規。

台灣早期的教育環境下，國中施行能力分班，我自己就是念 B 段班的學生。什麼是 B 段班？就是班上大部分學生都不擅長、也不愛唸書。這些學生往往打算念完國中，就開始工作賺錢；不然，就繼續念個私立高職，隨便拿個學歷，畢業後就出社會工作。

說實在的，在那個資訊封閉的年代，加上青春期叛逆，很多學生對未來都感到迷茫、不知所措，當然心思也不會放在課業上。

在學生人數衆多的年代，老師自然而然，會把精力放在那些成績優異的 A 段班同學身上，畢竟當時，高中聯考的競爭是很激烈的。我記得第一次參加技職體系大專考試，當時的錄取率才只有 9%，競爭之激烈可見一番。

筆者從高中以後，就開始半工半讀，念書的生活費，都是自己打工賺取；加上當時我念的是程式設計，台灣市場正缺乏相關人才，我就此投入了網路市場。

當時的台灣網路環境還不是很發達，很多資訊不像現在流通方便，如果工作上遇到問題，我們只能自己從書中找答案。

在當時的就業環境下，我試著將所學理論運用在現實工作上；卻發現，有時按照理論步驟，問題仍無法解決……親身體悟到：原來理論終究還是理論。也因爲這樣，當時才會有人說：「想像是美好的，現實是殘酷的。」

因爲年少無知，有一陣子我很厭惡書中理論，畢竟理論不能解決所有的問題；當時的我單純地認爲：理論只是用來應付考試的，眞拿來面對現實，壓根沒辦法解決問題；爲了要應付升學考試，逼不得已才去念一大堆理論。

直到全職在社會上工作，遇到了許多問題，才想起以前的念書經驗，嘗試著按照理論修改步驟，修正成自己的方法，設法讓問題可以順利解決，最後，創造出自己的獨門見解；從此以後，我才眞正融會貫通，懂得將書中理論，修正爲自己的方法，發展出獨特的解決公式。

理論不是死的

以前我在學校當助教，也經常聽到同學抱怨說：「這些理論統統都沒用，學校怎都不教些有用的方法？」

碩士畢業後，我開始透過講座分享自己的網路行銷經驗，也很常聽到廠商以及客戶說：「網路行銷的理論，大多都沒用。」他們不知該怎麼辦才好，是要繼續學習理論，還是自己亂槍打鳥的試？看有沒有機會，試出自己一套理論跟結果。

我聽完總是跟他們分享自己以前工作的例子強調：「網路行銷是一個變動很快的環境，基礎理論一定要有，基礎理論有沒有用，端看如何運用，這就見仁見智，因人而異了。」

每個人遇到的問題狀況都不一樣，你不能渴望一套理論，能夠解決所有問題。有人會問：「是不是因此就不用再學習理論了？」

「恰恰相反！」我常回：「那是不正確的想法，在網路行銷中，理論才更需要學習。」

因爲書中理論，它是一個發展成熟的架構，你只要閱讀學習了，相對地腦中就會有這樣的架構基礎，當遇到問題時，就可以運用這個架構來想辦法解決，雖不能保證馬上能 100% 解決問題，但你能以這些架構爲基礎，再從這些架構中，去修改執行步驟跟方法，來解決你的問題。

遇到問題時，腦中如果有理論基礎架構，就算一時解決不了問題，至少你可以微調修改，逐步提出解決方案，這比你遇到問題，亂槍打鳥、隨便亂做，產生不良結果後，再來懊悔，還要節省許多時間。

尤其在網路上遇到的問題，有可能是以前未曾發生過的，或者是早期網路技術不發達會才衍生的問題，以現有技術，搞不好已能輕易解決……因此，遇到解決不了的問題時，你不能墨守成規，逕自按照理論執行，不知變通，這樣你很快就會退出這個領域。

很多時候整體環境和法規，沒辦法按照的想法發展，超乎我們所預期；也因爲現今的網路環境變動太快，常常過往的成功經驗，可能到現在已不適用；一旦遇到問題當下的外在環境無法改變，我們就要嘗試改變自己，以適應這些外在環境。

「能變就變，不通則變」——講得就是：因爲網路環境變動太快，我們無法保證一個方法，能夠應付所有變動快速的網路環境。

當我們遇到原有的作法無法解決問題，要試著去改變，試著找出新的解決方案，不要墨守成規，一成不變照著原有方法做，唯有如此，才能與時俱進，持續獲利。

讀書時，我經常玩一個遊戲：「從報紙新聞中找出企業困境，然後再問自己，如果我遇到了相同難題，我要用行銷學或管理學中的何種理論去解決這樣的難題？如果沒有適用的理論，我又該如何解套？」這樣的訓練，培養我不受傳統理論的束縛，激發更多創意，對日後的工作教學，很有幫助！在此也將我的獨門訓練心法分享給您。

【渠成文化】鑫創富 06

網路行銷 36 計

作　　者　葉松宏 林嘉文
圖書策劃　匠心文創
發 行 人　陳錦德
出版總監　柯延婷
執行編輯　蔡青容
企劃協力　李亞庭
封面設計
內頁編排　賴　賴
印　　刷　上鎰數位科技印刷
E-mail　cxwc0801@gmail.com
網　　址　https://cxwc0801.mystrikingly.com/
總 代 理　旭昇圖書有限公司
地　　址　新北市中和區中山路二段352號2樓
電　　話　02-2245-1480(代表號)
定　　價　新台幣380元
初版一刷　2023年02月
ISBN　978-986-06084-4-1

國家圖書館出版品預行編目(CIP)資料

網路行銷36計/葉松宏, 林嘉文著. -- 初版. -- 臺北市：匠心文化創意行銷有限公司, 2023.02

面；　公分

ISBN 978-986-06084-4-1(平裝)

1.網路行銷

496　　110006369

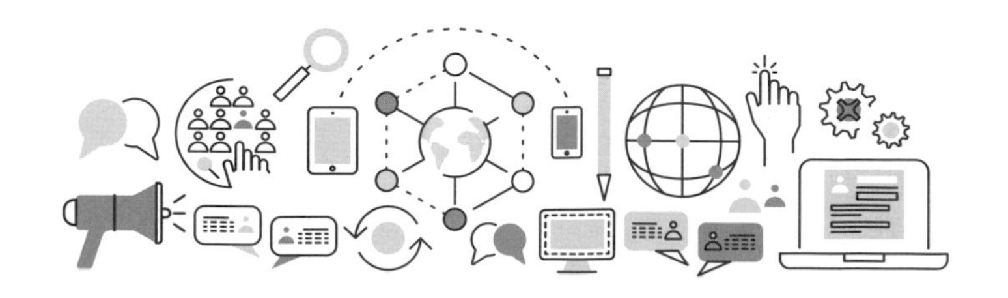